高等职业教育机电类专业系列教材

机床夹具设计

主　编　许大华

副主编　李建松　戴有华

参　编　余心明　李永康

主　审　孙金海

机械工业出版社

本书是根据高等职业教育机械制造类专业人才培养目标的要求，由院校资深教师与长期工作在企业生产一线的工程技术人员合作编写而成的。

本书以项目引领，适应"教、学、做"合一的教学模式。本书包括九个项目：机床夹具的结构分析、定位元件的设计、夹紧装置的设计、夹具体的设计、专用夹具的设计、车床夹具的设计、铣床夹具的设计、钻床夹具的设计和镗床夹具的设计。本书突出生产实践过程在教材中的主线地位，所选项目具有可操作性。

本书可作为高等职业院校、高等专科学校、成人高校、民办高校机械制造类专业的教学用书，也可作为社会相关从业人员的业务参考书及培训用书。

本书配有电子课件，凡使用本书作教材的教师可登录机械工业出版社教育服务网（http://www.cmpedu.com），注册后免费下载。咨询电话：010-88379375。

图书在版编目（CIP）数据

机床夹具设计/许大华主编. —北京：机械工业出版社，2017.12（2021.1重印）

高等职业教育机电类专业系列教材

ISBN 978-7-111-59282-2

Ⅰ.①机…　Ⅱ.①许…　Ⅲ.①机床夹具-设计-高等职业教育-教材　Ⅳ.①TG750.2

中国版本图书馆 CIP 数据核字（2018）第 039467 号

机械工业出版社（北京市百万庄大街22号　邮政编码100037）
策划编辑：王英杰　责任编辑：王英杰　武　晋
责任校对：潘　蕊　封面设计：鞠　杨
责任印制：常天培
固安县铭成印刷有限公司印刷
2021 年 1 月第 1 版第 2 次印刷
184mm×260mm·9.25 印张·220 千字
3001—4000 册
标准书号：ISBN 978-7-111-59282-2
定价：35.00 元

电话服务　　　　　　　　　　网络服务
客服电话：010-88361066　　机 工 官 网：www.cmpbook.com
　　　　　010-88379833　　机 工 官 博：weibo.com/cmp1952
　　　　　010-68326294　　金 书 网：www.golden-book.com
封底无防伪标均为盗版　　机工教育服务网：www.cmpedu.com

前　言

　　按照高职高专机械制造和数控应用技术专业人才培养的要求，本书以职业岗位能力培养为目标，以项目引领，以岗位需求和培养职业能力为核心，以工作过程为导向，以技术理论知识为背景，适应"教、学、做"合一的教学模式改革。

　　本书是根据高职高专人才的培养目标以及高等职业教育教学和改革的要求，并结合编者多年从事教学、生产实践的经验编写而成的。在内容安排上，本书突出了高等职业教育的特点，并贯彻最新国家标准。在项目选择上是根据企业的工作岗位，设计以工作过程为导向，具有工学结合的课程体系和明显的"职业"特色，将工作环境与学习环境有机地结合在一起。每一个项目首先以"工作任务"引入，然后介绍与工作任务相关的基础知识，最后给出任务实施结果，有利于学生掌握知识，提高解决生产实际问题的能力。为便于学生自学和巩固所学的内容，各项目均配有思考与练习题。

　　本书由徐州工业职业技术学院许大华任主编，徐州工业职业技术学院李建松和江苏农林职业技术学院戴有华任副主编，参加编写的还有徐州工业职业技术学院余心明和李永康。全书由徐州工业职业技术学院孙金海教授主审，项目中机床夹具的设计方案由徐州华东机械厂刘运启提供，在此向他们表示衷心的感谢！

　　由于编者水平所限，书中如有不足之处，敬请使用本书的师生与读者批评指正，以便修订时改进。如读者在使用本书的过程中有其他意见或建议，恳请向编者（xdh369@126.com）提出宝贵意见。

编　者

目　录

项目一

机床夹具的结构分析

【项目描述】

能根据所给的夹具结构图，对夹具进行结构分析，判断出夹具的类型。

【技能目标】

1. 能对钻床夹具的结构进行分析。
2. 能对车床夹具的结构进行分析。
3. 能判断出夹具的类型。

【知识目标】

1. 掌握钻床夹具的结构。
2. 掌握车床夹具的结构。
3. 理解机床夹具在机械加工中的作用。
4. 了解机床夹具的分类。

任务一　钻床夹具结构的分析

【任务描述】

根据图 1-1 所示的夹具结构图，分析夹具的结构，并能判断出夹具的类型。掌握夹具的使用方法。了解零件的精度是如何保证的。

【任务分析】

图 1-2 所示为盖板零件简图，要求在工件上加工出 9 个 $\phi 5mm$ 的孔，分析图 1-1 所示夹具结构图所表述的是哪种类型的夹具。

【相关知识】

1. 夹具的概念

夹具是一种装夹工件的工艺装备，用来固定加工对象，使其处于正确的位置，以接受加工、装配或检测。夹具广泛地应用于机械制造过程的金属切削加工、热处理、装配、焊接和检测等工艺过程中。

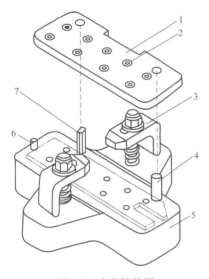

图 1-1　夹具结构图

1—钻模板　2—钻套　3—压板　4—圆柱销

5—夹具体　6—挡销　7—菱形销

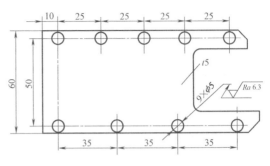

图 1-2　盖板零件简图

在金属切削机床上使用的夹具统称为机床夹具。机床夹具就是在机床上用于装夹工件（或引导刀具）的一种装置，其作用是将工件定位，以使工件获得相对于机床和刀具的正确位置，并把工件可靠地夹紧，保证待加工工件的加工精度。在现代生产中，机床夹具是一种不可缺少的工艺装备，它直接影响着工件的加工精度、劳动生产率和产品的制造成本等，故机床夹具设计在企业的产品设计和制造以及生产技术准备中占有极其重要的地位，机床夹具设计是一项重要的技术工作。

2. 机床夹具的分类

机床夹具的种类繁多，可以从不同的角度对机床夹具进行分类。机床夹具的分类如下：

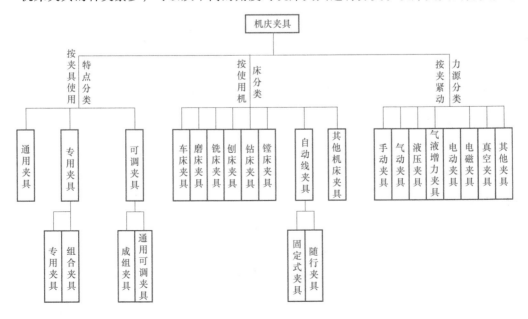

（1）按夹具的使用特点分类

1）通用夹具。已经标准化的，可加工一定范围内不同工件的夹具称为通用夹具。图1-3所示的自定心卡盘、单动卡盘，图1-4所示的机床用平口钳，图1-5所示的万能分度头和回转工作台等都属于通用夹具。这些夹具已作为机床附件由专门工厂制造供应，只需按规格选购即可。

a) 自定心卡盘

b) 单动卡盘

图1-3　卡盘

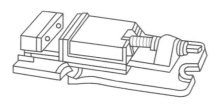
a) 非回转式(固定式)

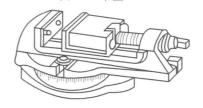
b) 回转式

图1-4　机床用平口钳

采用通用夹具的优点是：可缩短生产准备周期，减少夹具品种，从而降低生产成本；缺点是夹具的加工精度不高，生产率也较低，且较难装夹形状复杂的工件，故适用于单件小批量生产中。

图1-6所示为在车床上用单动卡盘安装工件进行找正加工。

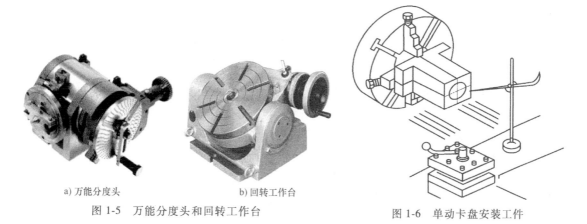

a) 万能分度头　　　　b) 回转工作台

图1-5　万能分度头和回转工作台

图1-6　单动卡盘安装工件

2）专用夹具。专用夹具是针对某一工件某一工序的加工要求而专门设计和制造的夹具。例如图1-1所示的钻床夹具，只对盖板这个特定的零件的特定工序钻孔，其特点是针对性极强，没有通用性。在产品相对稳定、批量较大的生产中，常用各种专用夹具，可获得较高的生产率和加工精度，但是专用夹具的设计制造周期较长。

3）可调夹具。可调夹具是针对通用夹具和专用夹具的缺陷而发展起来的一类新型夹具。对于不同类型和尺寸的工件，只需调整或更换原来夹具上的个别定位元件和夹紧元件即可使用。可调夹具一般又分为通用可调夹具（图1-7）和专用可调夹具（又称成组夹具）两种。前者的通用范围比通用夹具更大；后者则是一种专用可调夹具，它按成组原理设计并能加工一组相似的工件，故在多品种，中、小批生产中使用有较好的经济效果。

　　① 通用可调夹具。图1-7所示为在轴类零件上钻径向孔的通用可调夹具。

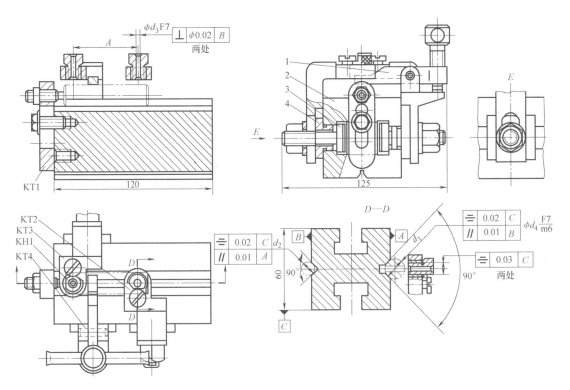

图 1-7　在轴类零件上钻径向孔的通用可调夹具
1—杠杆压板　2—夹具体　3—T形螺栓　4—十字滑块　KH1—快换钻套
KT1—支承钉板　KT2、KT3—可换钻模板　KT4—压板座

　　图1-7所示夹具可加工一定尺寸范围内的各种轴类工件上的径向孔，加工零件如图1-8所示。图1-7中夹具体2的上、下两面均设有V形槽，适用于不同直径工件的定位。支承钉板KT1上的可调支承钉用作工件的端面定位。夹具体的两个侧面都开有T形槽，通过T形螺栓3、十字滑块4，使可调钻模板KT2、KT3及压板座KT4做上、下、左、右调节，压板座上安装杠杆压板1，用于夹紧工件。

　　② 专用可调夹具。图1-9所示为一种专用可调夹具，用于车削一组阀片的外圆。多件

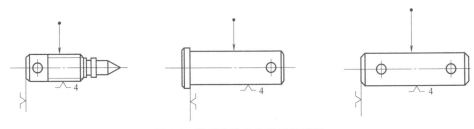

图 1-8　钻径向孔的轴类零件简图

阀片以内孔和端面为定位基准在定位套 4 上定位，由气压传动拉杆，经滑柱 5、压圈 6、快换垫圈 7 使工件夹紧。加工不同规格的阀片时，只需更换定位套 4 即可。定位套 4 与心轴体 1 按 H6/h5 配合，由键 3 紧固。

专用可调夹具的结构由基础部分和可调部分组成。基础部分包括夹具体、动力装置和控制机构等，是一组工件共同使用的部分。因此，基础部分的设计，决定了成组夹具的结构、刚度、生产效率和经济效果。图 1-9 中的件 1、2、5 及气压夹紧装置等，均为基础部分。可调部分包括可调整的定位元件、夹紧元件和导向、分度装置等。按照加工需要，这一部分可作调整，是成组夹具中的专用部分。图 1-9 中的件 3、4、6 均为可调整元件，可调整部分是成组夹具的重要特征标志之一，它直接决定了夹具的精度和效率。

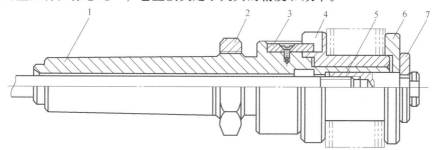

图 1-9　车床用可调夹具

1—心轴体　2—螺母　3—键　4—定位套　5—滑柱　6—压圈　7—快换垫圈

专用可调夹具的主要特点是：①由于夹具适用于一组工件的多次使用，因此可大幅度降低夹具的设计、制造成本，降低工件的单件生产成本，特别适合在数控机床上使用；②缩短产品制造的生产准备周期；③更换工件时，只需对夹具的部分元件进行调整，从而减少总的调整时间；④对于新投产的工件，夹具只需添置较少的调整元件，从而节约了夹具的制造成本。

4）组合夹具。组合夹具是一种模块化的夹具，如图 1-10 所示，标准的模块元件有较高的精度和耐磨性，可组装成各种夹具，夹具用毕即可拆卸，留待组装新的夹具。由于使用组合夹具可缩短生产准备周期，元件能重复多次使用，并具有可减少专用夹具数量等优点，因此组合夹具在单件，中、小批多品种生产和数控加工中，是一种较经济的夹具，组合夹具也已商品化。

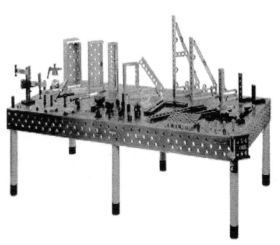

图 1-10　组合夹具

5）自动化生产用夹具。自动化生产用夹具主要分自动线夹具和数控机床用夹具两大类。自动线夹具有两种：一种是固定式夹具；另一种是随行夹具。数控机床夹具还包括加工中心用夹具和柔性制造系统用夹具。随着制造的现代化，在企业中数控机床夹具的比例正在增加，以满足数控机床的加工要求。数控机床夹具的典型结构是拼装夹具，它是利用标准的模块组装成的夹具。

机床夹具按夹具的使用特点分类及其特点见表 1-1。

表 1-1　机床夹具按夹具的使用特点分类及其特点

分类	特　　点
通用夹具	通用性强,被广泛应用于单件小批量生产
专用夹具	专为某一工序设计,结构紧凑、操作方便、生产效率高、加工精度容易保证,适用于定型产品的成批和大量生产
组合夹具	由一套预先制造好的标准元件组装而成的专用夹具
通用可调夹具	不对应特定的可加工对象,使用范围宽,通过适当的调整和更换夹具上的个别元件,即可用于加工形状尺寸和加工工艺相似的多种工件
组合夹具	专为某一组零件的成组加工而设计,加工对象明确,针对性强。通过调整可适应多种工艺及加工形状、尺寸

（2）根据夹具使用的机床分类　这是专用夹具设计所用的分类方法,包括车床、铣床、刨床、钻床、镗床、磨床、齿轮加工机床、拉床等夹具。设计专用夹具时,机床的类别、组别、型别和主要参数均已确定。它们的不同点是机床的切削成形运动不同,故夹具与机床的连接方式不同,它们的加工精度要求也各不相同。图 1-11 所示为铣削连杆盖凹台面的专用铣床夹具图,图 1-12 所示为连杆盖零件的加工示意图。

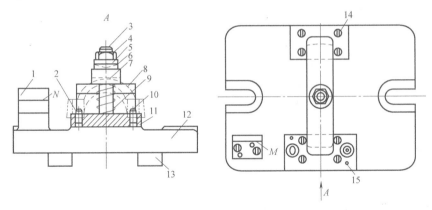

图 1-11　铣削连杆盖凹台面的专用铣床夹具

1—对刀块　2—菱形销　3—螺栓　4—螺母　5—球面垫圈　6—凹面垫圈　7—压板　8—支承板
9—弹簧　10—圆柱销　11—定位板　12—夹具体　13—夹具定位键　14—螺钉　15—圆锥销

（3）根据夹紧的动力源分类　根据夹具夹紧的动力源可分为手动夹具（图 1-13）、气动夹具（图 1-14）、液压夹具、气液增力夹具、电磁夹具以及真空夹具等。

【任务实施】

通过分析可知,图 1-1 所示的夹具结构图表示的是钻床夹具。

工件以底面及两侧面分别与夹具体 5 的平面、圆柱销 4、菱形销 7、挡销 6 接触定位。钻模板 1 由圆柱销 4 和菱形销 7 定位并放在待加工的盖板零件上,用

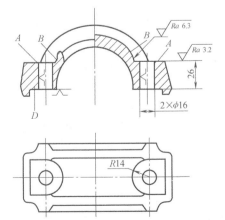

图 1-12　连杆盖零件的加工示意图

压板 3 并通过螺母旋紧后将工件夹紧。加工时，首先用 T 形螺栓将夹具体固定在钻床的工作台上，这样整个夹具便在钻床的工作台上有个确定的位置。然后在钻床的主轴上装上 ϕ5mm 钻头，通过钻模板上的钻套 2 引导钻头钻孔，只要控制好钻模板 1 上钻套间的位置及钻套孔与两对定孔的位置，便能够保证 9×ϕ5mm 孔的尺寸与相互位置精度的要求。

图 1-13　手动夹具

图 1-14　气动夹具

任务二　车床夹具结构的分析

【任务描述】

　　分析图 1-15 所示夹具的结构，判断出夹具的类型。掌握夹具的使用方法，了解零件的精度是如何保证的。

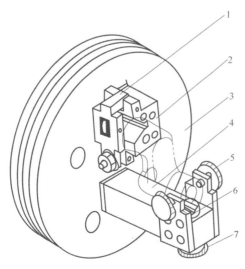

图 1-15　夹具结构图

1—铰链压板　2—V 形块　3—夹具体　4—异形杠杆零件
5—螺钉　6—可调 V 形块　7—螺杆

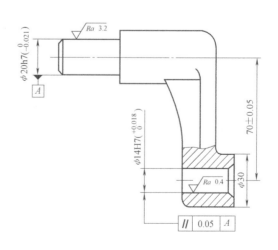

图 1-16　异形杠杆零件简图

▶【任务分析】

图 1-16 所示为异形杠杆零件简图，要求在工件上加工出 $\phi14H7$ 孔。分析图 1-15 所示夹具结构图所表述夹具的类型。夹具是由哪几部分组成的？

▶【相关知识】

1. 机床夹具的组成

（1）机床夹具的基本组成部分　虽然各类机床夹具的结构有所不同，但按主要功能加以分析，机床夹具的基本组成部分是定位元件、夹紧装置和夹具体三个部分。这也是夹具设计的主要内容。

1）定位元件。定位元件是夹具的主要功能元件之一，它的作用是使工件在夹具中占据正确的位置。通常，当工件定位基准面的形状确定后，定位元件的结构也就基本确定了。如图 1-1 所示钻床夹具，夹具上的圆柱销 4、菱形销 7 和夹具体的上平面都是定位元件，通过它们使工件在夹具上占据正确的位置，定位元件的定位精度直接影响工件加工的精度。

2）夹紧装置。夹紧装置也是夹具的主要功能元件之一，它的作用是将工件压紧，保证工件在加工过程中受到切削力作用时不离开已经占据的正确位置。如图 1-1 所示的钻床夹具，压板 3 和螺母及螺栓都属于夹紧装置。通常夹紧装置的结构会影响夹具的复杂程度和性能，它的结构类型很多，设计时应根据实际情况进行选择。

3）夹具体。图 1-1 所示钻床夹具中的件 5 和图 1-15 所示车床夹具中的件 3 都是夹具体。定位元件、夹紧装置等通常安装在夹具体上，通过它将夹具的所有元件连接成一个整体，并连接到机床上。常用的夹具体为铸件结构、锻造结构、焊接结构和装配结构。

（2）机床夹具的其他组成部分　为满足夹具的其他功能要求，各种夹具还要设计其他的元件或装置。

1）连接元件。根据机床的工作特点，夹具在机床上的安装连接常有两种形式：一种是安装在机床工作台上；另一种是安装在机床主轴上。连接元件用于确定夹具本身在机床上的位置。如车床夹具所使用的过渡盘，铣床夹具所使用的定位键等，都是连接元件。如图 1-1 中夹具体 5 的底面为安装基面，夹具体可兼作连接元件。

2）对刀与导向装置。对刀与导向装置的功能是确定刀具的位置。

对刀装置常用于铣床夹具中，用对刀块可调整铣刀加工前的位置。对刀时，铣刀不能与对刀块直接接触，以免碰伤铣刀的切削刃和对刀块工作表面。通常，在铣刀和对刀块的对刀表面间留有空隙，并且用塞尺进行检查，以调整刀具，使其保持正确的位置。

导向装置主要指钻模的钻模板、钻套和镗模的镗模支架、镗套。它们能确定刀具的位置，并引导刀具进行切削。图 1-1 中钻套 2 和钻模板 1 组成导向装置，确定了钻头轴线相对于定位元件的正确位置。

3）其他元件或装置。根据加工需要，有些夹具分别采用分度装置、靠模装置、上下料装置、工业机器人、顶出器和平衡块等，这些元件或装置也需要专门设计。

2. 机床夹具在机械加工中的作用

在机械加工中，机床夹具的主要功用是实现工件的定位和夹紧，使工件加工时相对于机床、刀具有正确的位置，以保证工件的加工精度。

机床夹具在零件的加工过程中其作用主要有以下五个方面：

（1）保证加工精度　用夹具装夹工件时，能稳定地保证加工精度，并减少对其他生产条件的依赖性，故在精密加工中广泛地使用夹具，并且它还是全面质量管理的一个重要环节。

（2）提高劳动生产率　使用夹具后，能使工件迅速地定位和夹紧，并能够显著地缩短辅助时间和基本时间，提高劳动生产率。

（3）改善工人的劳动条件　用夹具装夹工件方便、省力、安全。当采用气压、液压等夹紧装置时，可减轻工人的劳动强度，保证安全生产。

（4）降低生产成本　在批量生产中使用夹具时，由于劳动生产率的提高和允许使用技术等级较低的工人操作，故可明显地降低生产成本。

（5）扩大机床工艺范围　这是在生产条件有限的企业中常用的一种技术改造措施。要镗削图 1-17 所示机体中的阶梯孔，如果没有卧式铣镗床和专用设备，可设计一夹具在车床上加工，其加工情况如图 1-18 所示。

夹具安装在车床的床鞍上，通过夹具使工件的内孔与车床主轴同轴，镗杆右端由尾座支承，左端用自定心卡盘夹紧并带动旋转。

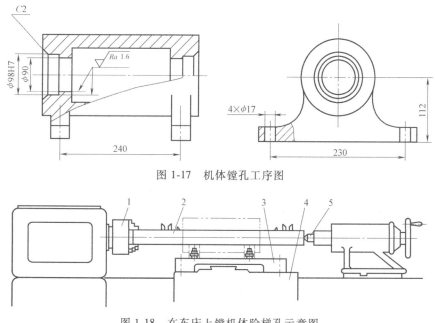

图 1-17　机体镗孔工序图

图 1-18　在车床上镗机体阶梯孔示意图

1—自定心卡盘　2—镗杆　3—夹具　4—床鞍　5—尾座

▶【任务实施】

通过分析，图 1-15 所示夹具结构图表示的是车床夹具，主要组成部分有定位元件 V 形块 2、可调 V 形块 6，夹紧装置铰链压板 1、螺钉 5 和螺杆 7，夹具体 3。

如图 1-16 所示，在车床上加工异形杠杆的 ϕ14H7 孔，要保证此孔的轴线与 ϕ20h7 外圆轴线距离尺寸为（70±0.05）mm 及平行度公差为 0.05mm。其车床夹具的结构如图 1-15 所示。工件以 ϕ20h7、ϕ30mm 外圆为定位基面，分别在 V 形块 2、可调 V 形块 6 上定位。并用铰链压板 1 和螺钉 5 夹紧。由图中可以看出，只要严格控制夹具上 V 形块 2 的位置和方向，就能够保证（70±0.05）mm 及平行度公差 0.05mm 的要求。

思考与练习题

1. 什么是夹具？什么是机床夹具？
2. 机床夹具在机械加工中有哪些作用？
3. 机床夹具按使用的特点分为哪几类？
4. 机床夹具按使用的机床分为哪几类？
5. 机床夹具的基本组成部分有哪些？各起什么作用？
6. 图 1-19 所示为夹具结构图，所加工的活塞套如图 1-20 所示，试分析：该夹具是何种类型的夹具？是由哪些部分组成的？夹具是如何使用的？

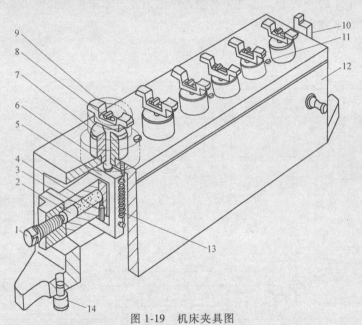

图 1-19　机床夹具图

1—螺钉　2、4—滑柱 3—介质（液性塑料）　5—框架　6—拉杆　7—定位轴
8—钩　9—压板　10—对刀块　11—键　12—夹具体　13—弹簧　14—定位销

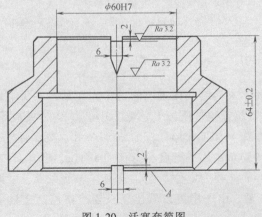

图 1-20　活塞套简图

项目二

定位元件的设计

根据零件的加工要求，选择合适的定位方式，进行定位误差的计算，设计出能满足加工要求的定位元件。

1. 能正确理解六点定位原则。
2. 能根据工件的技术要求，选择合适的定位方式。
3. 能进行正确的定位误差计算。
4. 能设计出满足加工要求的定位元件。

1. 掌握常用定位元件的设计方法。
2. 掌握定位方式的选择。
3. 掌握定位误差的计算方法。
4. 理解六点定位原则。
5. 了解工件的自由度的概念。

任务一　理解工件定位的基本原理

1. 工件的自由度

由工程力学中刚体运动的规律可知，在空间中一个自由刚体有且仅有六个自由度。如图 2-1 所示，一个未定位的自由物体，在空间直角坐标系中，有六个活动的可能性，其中三个是移动，三个是转动。习惯上把这种活动的可能性称为自由度，因此空间任一自由物体共有六个自由度。

如图 2-1 所示，分别表示物体的六个自由度，同时还规定如下：

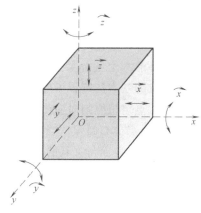

图 2-1　未定位工件的六个自由度

沿 x 轴移动，用 $\vec{x}$ 表示；沿 y 轴移动，用 $\vec{y}$ 表示；沿 z 轴移动，用 $\vec{z}$ 表示；绕 x 轴转动，用 $\hat{x}$ 表示；绕 y 轴转动，用 $\hat{y}$ 表示；绕 z 轴转动，用 $\hat{z}$ 表示。

2. 六点定位原则

为了达到被加工工件表面的技术要求，必须保证工件在加工过程中的正确位置。

夹具保证加工精度必须要满足三个条件：一是一批工件在夹具中占有正确的位置（工件的定位）；二是夹具在机床上的正确位置；三是刀具相对夹具的正确位置。最终保证刀具相对工件的正确位置，所以工件的定位是极为重要的一个环节。

工件的定位，就是使得一批工件在夹具上占据一致的正确的位置，工件定位的实质就是限制对工件加工有不良影响的自由度，工件定位的任务就是根据加工要求限制工件的全部或部分自由度。工件安装时主要靠机床工作台或夹具上设置的六个固定点，它的六个自由度即全部被限制，工件便获得一个完全确定的位置，用来限制工件自由度的固定点称为支承点。

在实际定位中，定位支承点并不一定就是一个真正直观的点，一般把以平面定位方式，即面接触理解为三个点支承；线接触的定位理解为两个点支承。在这种情况下，"三点定位"或"两点定位"仅是指某种定位中数个定位支承点的综合结果，而非某一定位支承点限制了某一自由度。所谓"几点定位"仅指某种定位方式中的数个定位点的综合作用，而非各定位点与被限制自由度之间一一对应的关系，即不是一个定位点限制一个自由度。因此在实际生产时起支承作用的是有一定形状的几何体，这些用于限制工件自由度的几何体即为定位元件。

如图 2-2 所示，在空间直角坐标系的 xOy 面上布置三个支承点 1、2、3，使工件的底面与三点保持面接触，则这三个点就限制了工件的 $\vec{z}$、$\hat{x}$、$\hat{y}$ 三个自由度。同样的道理，在平面 zOy 上布置两个支承点与工件保持线接触，就限制了工件的 $\vec{x}$、$\hat{z}$ 两个自由

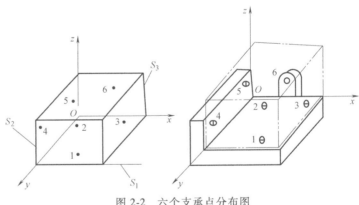

图 2-2　六个支承点分布图

度。在 zOx 面上布置一个支承点与工件保持点接触，就限制了工件的 $\vec{y}$ 一个自由度。

在分析工件定位时，通常用一个支承点限制工件的一个自由度，用合理分布的六个支承点限制工件的六个自由度，使工件的位置完全确定的原则就是六点定位原则。六点定位原则是工件定位的基本法则，可应用于任何形状、任何类型的工件。

应用六点定位原则时应注意五个主要问题：

1）支承点分布必须适当，否则六个支承点限制不了工件的六个自由度。

2）工件定位面与夹具的定位元件的工作面应保持接触。

3）工件定位后，要用夹紧装置将工件紧固，即先定位后夹紧。

4）定位支承点所限制的自由度名称，通常可按定位接触处的形态确定。

5）有时定位点的数量及其布置不一定那样明显、直观，图 2-3 所示的自动定心定位就

是这样。

图 2-3 所示为一个内孔为定位面的自动定心定位原理图。工件的定位基准为中心要素圆的中心线。从一个截面上看（图 2-3b），夹具有三个点与工件接触，该夹具采用两段三个点即总共采用了六个接触点，只限制工件长圆柱面的 $\vec{x}$、$\vec{z}$、$\hat{x}$、$\hat{z}$ 四个自由度，因此在自动定心定位中应注意这个问题。

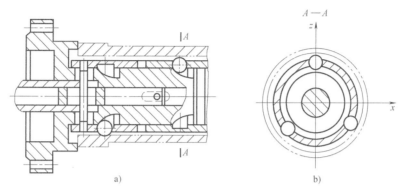

图 2-3 一个内孔为定位面的自动定心定位原理图

3. 常见定位元件所能限制的自由度

常用定位元件能限制的工件自由度见表 2-1。

表 2-1 常用定位元件能限制的工件自由度

定位基准	定位简图	定位元件	限制的工件自由度
大平面		支承钉	$\vec{z}$、$\hat{x}$、$\hat{y}$
		支承板	$\vec{z}$、$\hat{x}$、$\hat{y}$

（续）

定位基准	定位简图	定位元件	限制的工件自由度
长圆柱面		固定式 V 形块	$\vec{x}$、$\vec{z}$、$\hat{x}$、$\hat{z}$
		固定式长套	
		心轴	
		自定心卡盘	
长圆锥面		圆锥心轴（定心）	$\vec{x}$、$\vec{y}$、$\vec{z}$ $\hat{x}$、$\hat{z}$

（续）

定位基准	定位简图	定位元件	限制的工件自由度
两中心孔		固定顶尖	$\vec{x}$、$\vec{y}$、$\vec{z}$
		回转顶尖	$\widehat{y}$、$\widehat{z}$
短外圆与中心孔		自定心卡盘	$\vec{y}$、$\vec{z}$
		回转顶尖	$\widehat{y}$、$\widehat{z}$
大平面与两外圆弧面		支承板	$\vec{y}$、$\widehat{x}$、$\widehat{z}$
		短固定式 V 形块	$\vec{x}$、$\vec{z}$
		短活动式 V 形块（防转）	$\widehat{y}$
大平面与两圆柱孔		支承板	$\vec{y}$、$\widehat{x}$、$\widehat{z}$
		短圆柱定位销	$\vec{x}$、$\vec{z}$
		短菱形销（防转）	$\widehat{y}$
长圆柱孔与其他		固定式心轴	$\vec{x}$、$\vec{z}$、$\widehat{x}$、$\widehat{z}$
		挡销（防转）	$\widehat{y}$
大平面与短锥孔		支承板	$\vec{z}$、$\widehat{x}$、$\widehat{y}$
		活动锥销	$\vec{x}$、$\vec{y}$

4. 定位与夹紧的关系

为了保证被加工工件的机械加工精度，必须要保证在加工过程中刀具与工件的位置正确。因此要做到三点：一是一批工件在夹具中占有正确的位置；二是夹具在机床上的位置正确；三是刀具相对于夹具的位置正确，最终保证刀具和工件的位置正确。

（1）定位与夹紧的关系　定位与夹紧是装夹工件时两个有联系的过程。在工件定位以后，为了使工件在切削力等作用下能保持既定的位置不变，通常还需再夹紧工件，将工件紧固，因此它们之间是不相同的。若认为工件被夹紧后，其位置不能动了，所以也就定位了，这种理解是错误的。此外，还有些机构能使工件的定位与夹紧同时完成，例如自定心卡盘等。

（2）工件在夹具中定位和夹紧的任务　工件的装夹包括定位和夹紧两个过程。

工件在夹具中定位的任务是：使同一工序中的所有工件都能在夹具中占据正确的位置。一批工件在夹具上定位时，各个工件在夹具中占据的位置不可能完全一致，但各个工件的位置变动量必须控制在加工要求所允许的范围之内。

将工件定位后的位置固定下来，称为夹紧。工件夹紧的任务是：使工件在切削力、离心力、惯性力和重力的作用下不离开已经占据的正确位置，以保证机械加工的正常进行。

装夹过程中，夹紧力不能过大，以防止工件变形。如果夹紧力必须大到使工件变形才能夹紧工件时，必须改变夹紧方式。

任务二　工件定位方式的分析

▶【任务描述】

试分析图 2-4 所示的定位元件各限制了哪几个自由度，属于什么定位方式。

▶【任务分析】

图 2-4 所示为铣床加工轴双键槽定位方式图，定位元件有 V 形块、防转销 6 和支承钉 3，分析各定位元件各限制了哪几个自由度，属于什么定位方式。

▶【相关知识】

1. 完全定位

图 2-5 所示为在工件上铣键槽，图 2-5a 中为了保证加工尺寸 Z，需要限制 $\vec{z}$、$\hat{x}$、$\hat{y}$；为了保证加工尺寸 Y，还需限制 $\vec{y}$、$\hat{z}$；为了保证加工尺寸 X，最后还需限制自由度 $\vec{x}$。工件在夹具体上六个自由

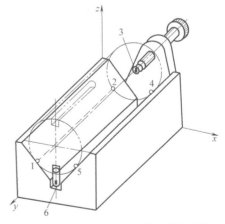

图 2-4　铣床加工轴双键槽定位方式图
1、2、4、5—支承点　3—支承钉　6—防转销

度完全被限制，称为完全定位。当工件在 x、y、z 三个坐标方向上均有尺寸要求或位置精度要求时，一般采用这种定位方式。

2. 不完全定位

图 2-5b 所示为在工件上铣通槽，为了保证加工尺寸 Z，需限制 $\vec{z}$、$\hat{x}$、$\hat{y}$ 自由度；为了保证加工尺寸 Y，还需限制 $\vec{y}$、$\hat{z}$ 自由度，由于 X 轴向没有尺寸要求，$\vec{x}$ 自由度不必限制。这种工件没有完全限制六个自由度，但仍然能保证工件加工要求的定位称为不完全定位。

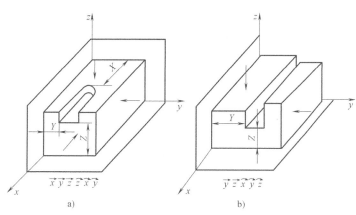

图 2-5　工件应限制自由度

在工件定位时，以下几种情况一般允许不完全定位：

1）加工通孔或通槽时，沿贯通轴的位置自由度可不限制。

2）毛坯（本工序加工前）是轴对称时，绕对称轴的角度自由度可不限制。

3）加工贯通的平面时，除可不限制沿两个贯通轴的位置自由度外，还可以不限制绕垂直加工面轴的角度自由度。

3. 欠定位

在满足加工要求的前提下，允许采用不完全定位，但是应该限制的自由度，没有布置适当的支承点加以限制，这种定位称为欠定位。欠定位在实际生产中是不允许的。如图 2-6 所示，若不设防转定位销 A，则工件 $\hat{x}$ 自由度不能得到限制，工件绕 x 轴回转方向的位置是不确定的，铣出的上方键槽无法保证与下方键槽的位置精度要求，即对称度要求。

4. 过定位（重复定位）

夹具上的定位元件重复限制工件的一个或几个自由度，这种重复限制工件自由度的定位称为过定位。

如图 2-7 所示，1、2 平面限制了 $\vec{x}$、$\hat{y}$、$\hat{z}$，3、4 平面限制了 $\vec{z}$、$\hat{x}$、$\hat{y}$，两个平面同时限制了 $\hat{y}$，所以这种定位方式就是过定位。

由图 2-7 可知，由于夹具上的定位元件同时重复限制了工件的一个或几个自由度，将造

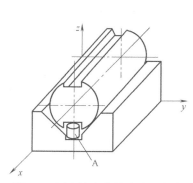

图 2-6　用防转定位销消除欠定位

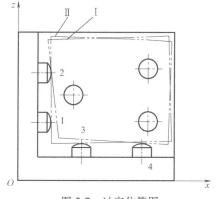

图 2-7　过定位简图

成工件定位不稳定，降低加工精度。因此，在确定工件的定位方案时，应尽量避免采用过定位。

一般情况下应当尽量避免过定位。但是，在夹具设计中，有时也可采用过定位的方案。

在某些条件下，过定位的现象不仅允许，而且必要。

图 2-8 所示为滚齿时工件的定位。齿坯以平面和心轴来定位，平面支承限制了 $\vec{z}$、$\hat{x}$、$\hat{y}$，心轴限制了 $\vec{x}$、$\vec{y}$、$\hat{x}$、$\hat{y}$，平面和心轴同时限制了 $\hat{x}$、$\hat{y}$，这种定位方式为过定位，在生产实践中常常被采用。

当过定位方式影响零件的加工精度时，必须要消除过定位。消除或减小过定位所引起的干涉，一般有两种方法：

1）提高定位基准之间以及定位元件工作表面之间的位置精度，以减少或消除过定位引起的干涉。图 2-8 中，当齿坯的端面和孔的轴线垂直度精度足够高时，可以满足齿轮的加工要求。

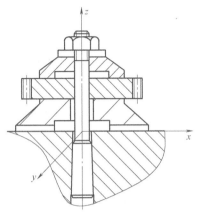

图 2-8　滚齿时工件的定位

2）改变定位元件的结构，使定位元件在重复限制自由度的部分不起定位作用。通常可采取下列措施来消除过定位：

① 减小接触面积。如图 2-9a 所示，零件的加工技术要求是加工工件的上平面对 A 面有垂直度要求。若用夹具的两个大平面（和 A 面相对的平面与和 B 面相对的平面）实现定位，即工件的 A 面被限制 $\vec{x}$、$\hat{y}$、$\hat{z}$ 三个自由度，B 面被限制了 $\vec{z}$、$\hat{x}$、$\hat{y}$ 三个自由度，其中 $\hat{y}$ 自由度被 A、B 面同时重复限制，为过定位。由图 2-9 可见，当工件处于加工位置"Ⅰ"时，可保证垂直度要求；而当工件处于加工位置"Ⅱ"时则不能保证垂直

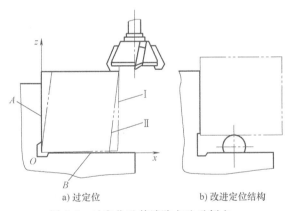

a) 过定位　　　　　　　　b) 改进定位结构

图 2-9　过定位及其消除方法示例之一

度要求，不能满足零件的加工要求。消除过定位的措施是：把定位的面接触改为线接触，减去了引起过定位的自由度 $\hat{y}$，如图 2-9b 所示。

② 修改定位元件的形状，以减少定位支承点。图 2-10a 所示的定位中，支承板 2 和定位的圆柱销重复限制了工件的 $\vec{z}$ 自由度，当工件的圆柱孔的轴线和底平面的尺寸误差过大时，可能出现工件不能装夹到夹具上的现象。如图 2-10b 所示，将圆柱定位销改为菱形销 1，使定位销在干涉部位（z 方向）上与工件不接触，消除了圆柱销限制的自由度 $\vec{z}$，这样就避免了过定位。

③ 设法使过定位的定位元件在干涉方向上能浮动，以减少实际支承点数目。如图 2-11 所示的可浮动的定位元件，图 2-11a 所示定位元件在 $\vec{z}$ 方向上浮动，图 2-11b 所示定位元件

在 $\vec{x}$ 方向上浮动，图 2-11c 所示定位元件在 $\hat{y}$、$\hat{z}$ 方向上浮动，从而消除了过定位。

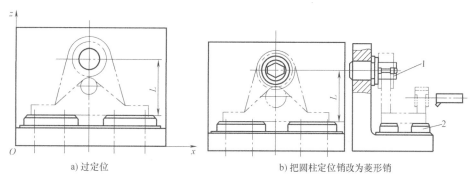

a) 过定位　　　　　　　　　　　b) 把圆柱定位销改为菱形销

图 2-10　过定位及其消除方法示例之二

1—菱形销　2—支承板

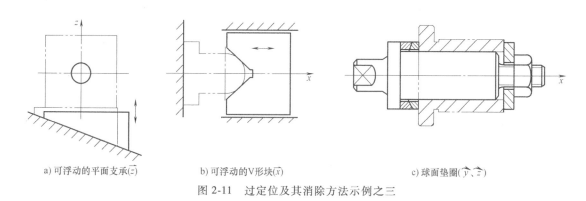

a) 可浮动的平面支承($\hat{z}$)　　b) 可浮动的V形块($\vec{x}$)　　c) 球面垫圈($\hat{y}$、$\hat{z}$)

图 2-11　过定位及其消除方法示例之三

④ 拆除过定位元件。这种方法要特别注意可能会出现欠定位现象，拆除过定位元件后要分析定位情况，确保能满足零件的加工要求。

【任务实施】

长 V 形块与工件外圆面接触限制 $\vec{x}$、$\vec{z}$、$\hat{x}$、$\hat{z}$。

定位支承钉 3 与工件端面接触限制 $\vec{y}$。

定位防转销 6 与工件槽面接触限制 $\hat{y}$。

综合结果：限制了 $\vec{x}$、$\vec{z}$、$\hat{x}$、$\hat{z}$、$\vec{y}$、$\hat{y}$。

六个自由度全部被限制的定位方式为完全定位。

任务三　常用定位元件的选用

【任务描述】

分析图 2-12 所示后盖零件钻径向孔的加工要求，选用适当的定位元件，以保证零件的加工精度。

▶【任务分析】

图 2-12 所示为后盖零件钻径向孔的工序图，要求在工件上加工出 M10 的螺纹，在用丝锥攻 M10 螺纹之前，要加工 ϕ8.7mm 的底孔，现在要保证加工 ϕ8.7mm 孔的轴线与 ϕ5.8mm 孔的轴线和 ϕ30mm 孔的轴线共面，应选择何种定位元件？

▶【相关知识】

1. 定位设计的基本原则和对定位元件的基本要求

（1）定位设计的基本原则

设计机床夹具时，为满足零件的加工要求，定位设计时应遵循以下三项原则：

1）遵循基准重合原则。分析零件的加工要求，应选择本工序的工序基准作为定位基准，符合基准重合原则，以减少定位误差。在多工序加工时还应遵循基准统一原则，以提高机床夹具的精度。

2）合理选择主要定位基准。尽可能选择具有较高的精度，并且有较大支承面的部位作为主要定位基准。

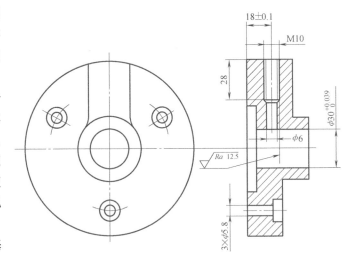

图 2-12　后盖零件工序图

3）便于工件的装夹和加工，并使夹具的结构简单。

（2）对定位元件的基本要求

1）要有足够的精度和良好的表面质量。通过定位误差的计算来确定定位元件的精度，以保证工件的加工精度，通常定位元件的精度要高于零件本身的加工精度。定位元件的精度高，表面质量也要高，定位表面的表面粗糙度值一般根据加工要求选择 Ra1.6μm、Ra0.8μm、Ra0.4μm，要求很高时就要选择 Ra0.2μm。

2）应有较好的耐磨性。在使用机床夹具的过程中，工件的装卸会磨损定位元件的表面，导致定位精度下降。定位精度下降到一定程度时，就会影响零件的加工精度，定位元件必须更换，否则，夹具不能继续使用。为了延长定位元件的更换周期，提高夹具的使用寿命，定位元件应有良好的耐磨性。

定位元件常用的材料有：低碳钢，如 20、20Cr，工作表面经渗碳淬火加上低温回火，硬度可达到 62~66HRC；优质碳素结构钢，如 45、40Cr、65Mn、38CrMoAl，经过整体调质处理，工件再经过表面感应淬火，表面硬度可达到 50~55HRC；高级优质碳素工具钢，如 T8A、T10A，经过球化退火、淬火和低温回火，表面硬度可达到 58~62HRC。

3）足够的强度和刚度。定位元件的设计通常是根据待加工零件的尺寸大小来进行的，定位元件的尺寸只能根据工件的尺寸来确定。例如，设计定位元件轴时，外圆尺寸无法选择，只能以工件上孔的尺寸来确定，但是可通过选择材料来提高强度和刚度。所以一般情况下，对定位元件的强度和刚度是不做校核的，似乎违反了机械设计课程中所学的强度理论。这时就要求机床夹具设计人员要具备一定的实践经验，可用经验法或类比法来保证定位元件的强度和刚度，以缩短机床夹具设计的周期，提高生产率。

4）良好的结构工艺性。定位元件的良好结构是满足加工、装配、维修等工艺性要求的前提。设计定位元件时应考虑结构工艺性，通常标准化的定位元件有良好的工艺性，设计时应优先选用标准定位元件。在设计定位元件时，还应处理、协调好与夹具体、夹紧装置、对刀或导向元件的关系，必要时还需留出排屑空间。

2. 定位元件的设计

（1）工件以平面定位　工件以平面作为定位基准时，所用定位元件一般可分为基本支承和辅助支承两类。基本支承用来限制工件的自由度，具有独立定位的作用。辅助支承用来加强工件的支承刚性，不起限制工件自由度的作用。

1）基本支承。基本支承分为固定支承、可调支承和自位支承三种形式。

① 固定支承。固定支承分为支承钉与支承板两种类型。

支承钉一般用于工件的三点支承或侧面支承。其结构有 A 型（平头）、B 型（球头）、C（齿纹）三种，如图 2-13 所示。

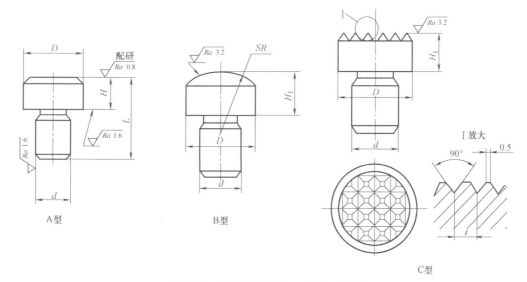

图 2-13　支承钉（JB/T 8029.2—1999）

A 型支承钉与工件接触面大，适用于精基准的平面定位。选用 A 型支承钉时，通常是工件的半精加工阶段和精加工阶段，定位面已经加工过。以已加工面定位，一般用三个 A 型支承钉来定位，在使用过程中，要求这三个 A 型支承钉等高。由于加工误差，这三个 A 型支承钉的高度有误差，因此，要求对这三个 A 型支承钉与工件接触的上表面进行配研，如图 2-13 所示的 A 型支承钉。

B 型、C 型支承钉与工件接触面小，通常是点接触，适用于粗基准平面定位。C 型齿纹支承钉的缺点是齿纹槽中易积屑，一般常用于侧面定位。

这类固定支承钉，一般用碳素工具钢 T8 经球化退火、淬火和低温回火，使表面淬硬至

58~62HRC。与夹具体采用 H7/r6 过盈配合，当支承钉磨损后，较难更换。若需更换支承钉应加衬套，如图 2-14 所示。衬套内孔与支承钉采用 H7/js6 过渡配合。

当工件的支承平面较大且是精基准平面时，通常选用支承板来定位。图 2-15 所示为支承板，分为 A、B 两种类型。

A 型支承板的结构比较简单，缺点是沉头螺钉清理切屑较困难，一般用于侧面支承。A 型支承板通常成对使用，安装时要求两块支承板等高，所以支承板在加工时必须要配磨。

B 型支承板克服了 A 型支承板的缺点，设计成斜凹槽，在加工过程中排屑容易，一般作水平面支承。

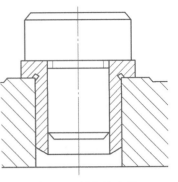

图 2-14   衬套的应用

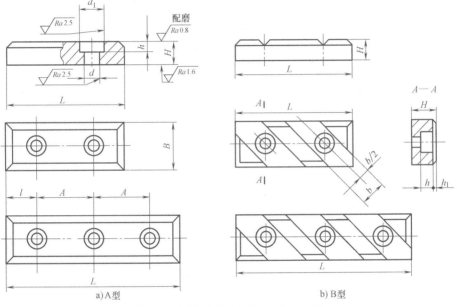

a) A 型   b) B 型

图 2-15   支承板（JB/T 8029.1—1999）

支承板一般用 20 钢制造，经过渗碳（渗碳深度为 0.8~1.2mm）、淬火和低温回火将表面硬度提高到 58~62HRC。当支承板的尺寸较小时，也可用优质碳素工具钢 T8 制造。

工件以平面定位时，除采用上面介绍的标准支承钉和支承板之外，还可根据工件定位平面的不同形状，设计出相应的非标准支承板，如图 2-16 所示。

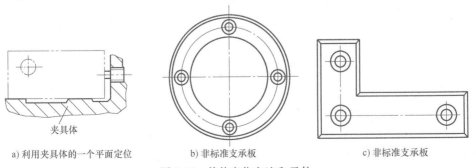

a) 利用夹具体的一个平面定位   b) 非标准支承板   c) 非标准支承板

图 2-16   其他定位方法和元件

② 可调支承。在工件定位过程中，支承钉的高度需要调整时，采用图 2-17 所示的可调支承。

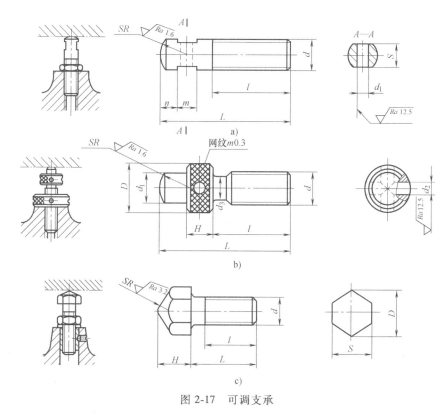

图 2-17　可调支承

③ 自位支承（浮动支承）。在工件定位过程中，能自动调整位置的支承称为自位支承，或称浮动支承。图 2-18a、b 所示为两点式自位支承，图 2-18c 所示为三点式自位支承。

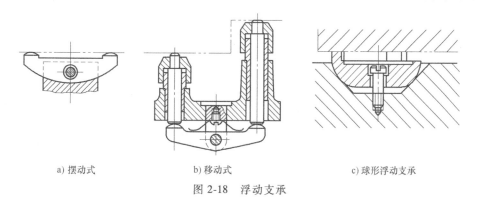

a) 摆动式　　　　　　b) 移动式　　　　　　c) 球形浮动支承

图 2-18　浮动支承

这类支承的工作特点是：支承点的位置能随着工件定位基面的不同而自动调节。

2）辅助支承。辅助支承用来提高工件的装夹刚度和稳定性，不起定位作用。

如图 2-19 所示，工件以内孔及端面定位钻右端小孔。若右端不设支承，工件装夹好后，右边为一悬臂，刚性差。若在 A 处设置固定支承，属过定位，有可能破坏左端的定位。在这种情况下，宜在右端设置辅助支承。工件定位时，辅助支承是浮动的（或可调的），待工件夹紧后再固定下来，以承受切削力。

（2）工件以圆柱孔定位　工件以圆孔内表面作为定位基面时，常用以下定位元件：

1）定位销。图 2-20 所示为定位销的结构。图 2-20a 所示为固定式定位销（JB/T 8014.2—1999），图 2-20b 所示为可换式定位销（JB/T 8014.3—1999）。A

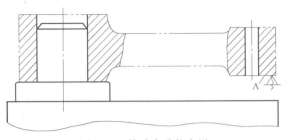

图 2-19　辅助支承的应用

型称为圆柱销，B 型称为菱形销。定位销的有关参数可查夹具标准或夹具手册。

对不便于装卸的部位和工件以被加工孔为定位基准（自位基准）的定位中通常采用定位插销。如图 2-21 所示，A 型定位插销可限制工件的四个自由度，B 型（菱形）定位插销则限制工件的两个自由度。

2）定位轴。通常定位轴为专用结构，其主要定位面可限制工件的四个自由度，若再设置防转支承等，即可实现完全定位。图 2-22 所示为钻模所用的定位轴。图 2-23a 所示为采用骑缝螺钉紧固联接；图 2-23b 所示用六角螺钉紧固联接的结构，有较高的强度；图 2-23c 所示的定位轴由圆柱销承受转矩，且便于维修。

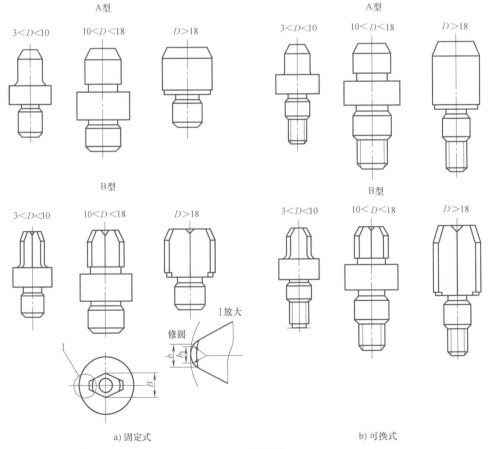

图 2-20　定位销

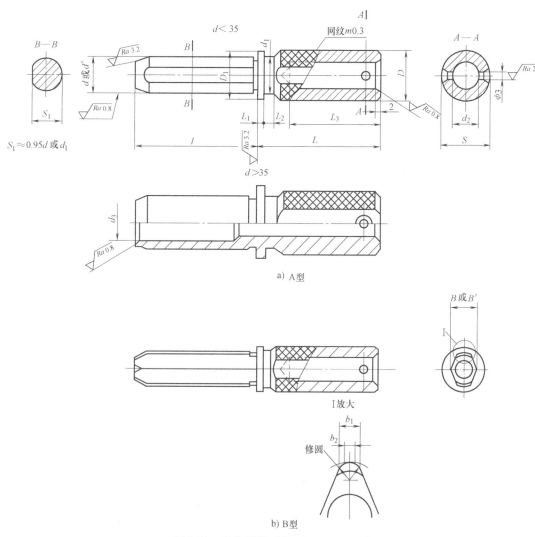

a) A型

b) B型

图 2-21 定位插销（JB/T 8015—1999）

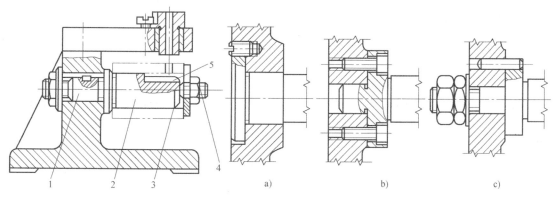

图 2-22 定位轴的结构

1—与夹具体联接部分 2—定心部分

3—引导部分 4—夹紧部分 5—排屑槽

图 2-23 定位轴联接部分的设计

定位轴用碳素工具钢 T8A 制造，经热处理至 55~60HRC；也可用优质碳素结构钢 20 钢制造，经渗碳淬硬至 58~62HRC。

3）圆柱心轴。图 2-24 所示为常用圆柱心轴的结构形式。

图 2-24a 所示为间隙配合心轴，其装卸工件方便，但定心精度不高。为了减少因配合间隙而造成的工件倾斜，工件常以孔和端面联合定位，因而要求工件定位孔与定位端面之间、心轴限位圆柱面与限位端面之间都有较高的垂直度精度，最好能在一次装夹中加工出来。

图 2-24b 所示为过盈配合心轴，由引导部分 1、工作部分 2 和传动部分 3 组成。引导部分的作用是使工件迅速而准确地套入心轴，其直径 d_3 按 e8 制

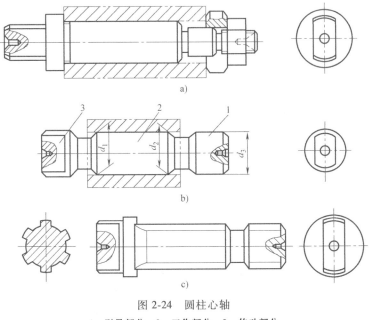

图 2-24 圆柱心轴
1—引导部分 2—工作部分 3—传动部分

造，d_3 的公称尺寸等于工件孔的下极限尺寸，其长度约为工件定位孔长度的一半。工作部分的直径按 r6 制造，其公称尺寸等于孔的上极限尺寸。当工件定位孔的长度与直径之比 $L/d>1$ 时，心轴的工作部分应稍带锥度，这时，直径 d_1 按 r6 制造，其公称尺寸等于孔的上极限尺寸；直径 d_2 按 h6 制造，其公称尺寸等于孔的下极限尺寸。这种心轴制造简单、定心准确、不用另设夹紧装置，但装卸工件不便，易损伤工件定位孔，因此，多用于定心精度要求高的精加工。

图 2-24c 所示为花键心轴，用于加工以花键孔定位的工件。当工件定位孔的长径比 $L/d>1$ 时，工作部分可稍带锥度。设计花键心轴时，应根据工件的不同定心方式（外径定心或内径定心）来确定定位心轴的结构。

心轴在机床上常用的安装方式如图 2-25 所示。

图 2-25a 所示的安装方式用于磨床上，心轴的两端均有中心孔，与磨床的前后顶尖配合安装，一般适合于精加工阶段。

图 2-25b 所示的安装方式用于车床上，采用一夹一顶的方式安装，心轴的左端由车床的卡盘卡住，心轴的右端由车床的尾座顶尖顶住，这种定位方式的加工精度较低，一般适合于半精加工阶段。

图 2-25c 所示的安装方式也用于车床上，心轴的左端加工成莫氏锥度，与车床的主轴内孔锥度相配，心轴的右端也是由车床的尾座顶尖顶住。这种定位方式比图 2-25b 所示的一夹一顶的安装方式的加工精度要高。

图 2-25d 所示的安装方式用于滚齿机、插齿机上，心轴的外表面可以是圆柱面或者是外花键，与齿轮的内孔表面配合。这种定位方式要求齿轮的内孔轴线和齿轮端面的垂直度与心

轴的轴线和机床工作台平面的垂直度都要高。

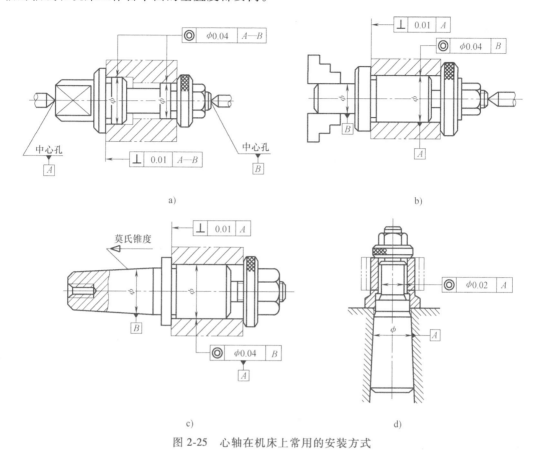

a)

b)

c)

d)

图 2-25　心轴在机床上常用的安装方式

4）圆锥销。工件在单个圆锥销上定位容易倾斜，为此，圆锥销一般与其他定位元件组合定位，如图 2-26 所示。图 2-26a 所示为圆锥-圆柱组合心轴，锥度部分使工件准确定心，

圆柱部分可减少工件倾斜。图 2-26b 以工件底面作主要定位基面，采用活动圆锥销，只限制 $\vec{x}$、$\vec{y}$ 两个自由度，即使工件的孔径变化较大，也能准确定位。图2-26c所示为工件在双圆锥销上定位，左端固定锥销限制 $\vec{x}$、$\vec{y}$、$\vec{z}$ 三个自由度，右端为活动锥销，限制 $\widehat{y}$、$\widehat{z}$ 两个自由度。以上三种定位方

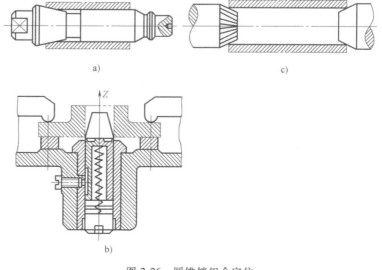

a)

c)

b)

图 2-26　圆锥销组合定位

式均限制了工件五个自由度。

5）锥度心轴。如图 2-27 所示，工件在锥度心轴（JB/T 10116—1999）上定位，并靠工件定位圆孔与心轴限位圆柱面的弹性变形夹紧工件。

（3）工件以外圆柱面定位

工件以外圆柱面作为定位基面时，工件的定位基准为中心要素，最常用的定位元件有 V 形块、半圆套和定位套等。

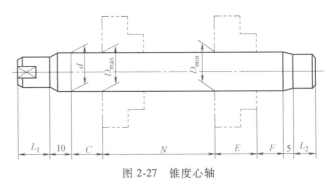

图 2-27　锥度心轴

1）V 形块。不论定位基面是否经过加工，不论是完整的圆柱面还是局部圆弧面都可以采用 V 形块定位。其优点是对中性好，即能使工件的定位基准轴线对中在 V 形块两斜面的对称平面上，而不受定位基面直径误差的影响，并且安装方便。因此，当工件以外圆柱面定位时，V 形块是用得最多的定位元件。

图 2-28 所示为常用的 V 形块结构。图 2-28a 用于较短的精基准定位；图 2-28b 用于较长的粗基准（或阶梯轴）定位；图 2-28c 用于两段精基准面相距较远的场合。如果定位元件直径与长度较大，则 V 形块不必做成整体钢件，而采用铸铁底座镶淬火钢垫，如图2-28d所示。

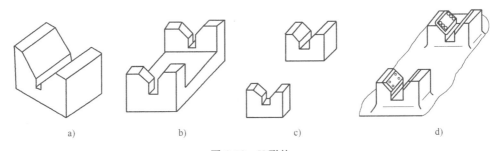

a)　　　　　　　b)　　　　　　　c)　　　　　　　d)

图 2-28　V 形块

V 形块的结构尺寸如图 2-29 所示。V 形块上两斜面间的夹角 α，一般选用 60°、90° 和 120°，以 90° 应用最广。90° V 形块的典型结构和尺寸均已标准化。

V 形块有固定式与活动式两种。活动 V 形块的结构如图 2-30a 所示，固定 V 形块的结构如图 2-30b 所示。固定 V 形块在夹具体上的装配，一般采用 2~4 个螺钉和两个定位销连接，定位销孔在装配调整后钻铰，然后打入定位销。

如图 2-30c 所示，活动 V 形块限制工件的 $\vec{z}$ 自由度，其沿 V 形块对称面方向的移动可以补偿工件因毛坯尺寸变化而对定位的影响，同时兼有夹紧的作用。固定 V 形块限制工件的 $\vec{X}$、$\vec{Y}$ 自由度。

2）定位套。图 2-31 所示为常用定位套的结构，其内孔轴线是限位基准，内孔面是限位基面。为了限制工件沿轴向的自由度，常与端面联合定位。

定位套结构简单、容易制造，但定心精度不高。

3）半圆套。如图 2-32 所示，下面的半圆套是定位元件，上面的半圆套起夹紧作用。这种定位方式主要用于大型轴类零件及不便于轴向装夹的零件，半圆套的最小内径应取工件定位基面的最大直径。

4）圆锥套。图 2-33 所示为通用的外拨顶尖。工件的端部在外拨顶尖的锥孔中定位，锥孔中有齿纹，以便带动工件旋转，顶尖体的锥柄部分插入机床主轴孔中。

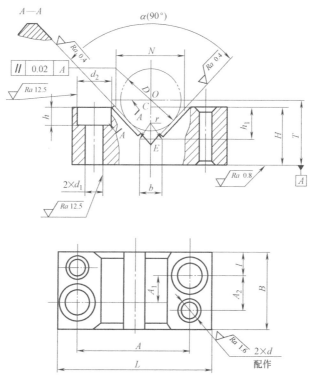

图 2-29　V 形块的结构尺寸

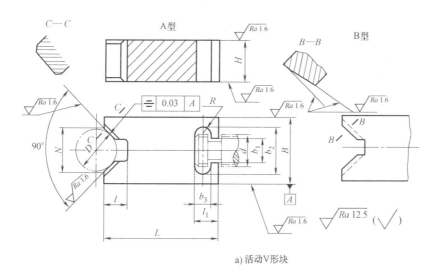

a) 活动V形块

图 2-30　活动 V 形块与固定 V 形块

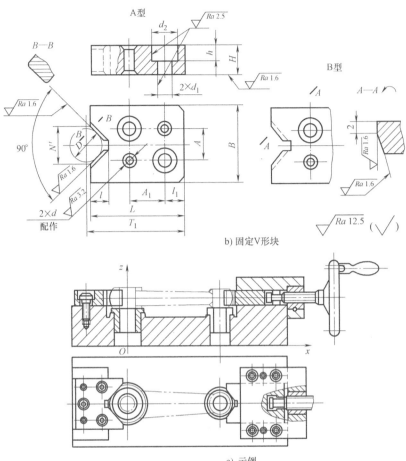

c) 示例

图 2-30　活动 V 形块与固定 V 形块（续）

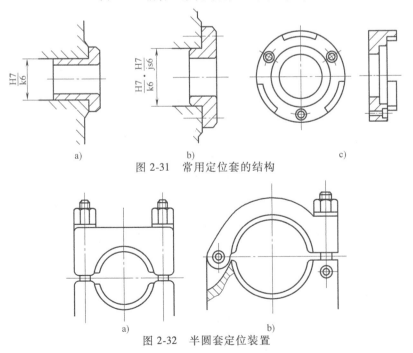

图 2-31　常用定位套的结构

图 2-32　半圆套定位装置

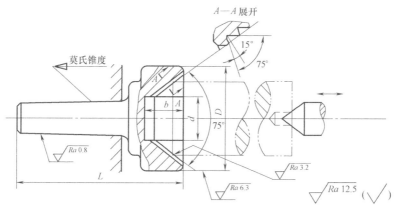

图 2-33　工件在外拨顶尖锥孔中的定位

（4）工件以特殊表面定位　除了上述以平面和内、外圆柱表面定位外，有时还常遇到特殊表面的定位。下面介绍几种典型的特殊定位方法。

1）工件以导轨面定位。图 2-34所示为三种燕尾导轨定位的形式。图 2-34a 所示为镶有圆柱定位块的结构，图 2-34b 所示的圆柱定位块位置可以通过修配 A、B 平面达到较高的精度，图 2-34c 采用小斜面定位块，其结构简单。为了减少过定位的影响，工件的定位基面需经配制（或配磨）。

2）工件以齿形表面定位。高精度齿轮的分度圆和安装齿轮的孔的同轴度要求非常高，齿轮在加工过程后期，齿面要通过热处理使表面硬度达到技术要求。而齿面通过表面热处理后，一定会发生变形，

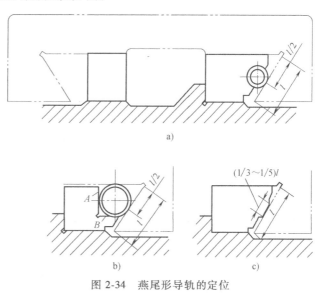

图 2-34　燕尾形导轨的定位

齿轮的分度圆和安装齿轮的孔的同轴度就会变差。

为了保证齿轮的加工精度，常采用互为基准的精基准选择原则来对齿轮进行加工。具体的做法是：以齿形表面（热处理后的齿轮表面）定位，在内圆磨床上磨削内孔，再以磨过的孔定位（用心轴作为定位元件），在磨齿机上对齿面进行磨削，这样同轴度就会提高。如果还达不到齿轮的加工要求，可以反复多次采用互为基准原则。

图 2-35 所示为用齿形表面定位，定位元件是滚柱 3，自动定心盘 1 通过卡爪 2 和滚柱 3 对齿轮 4 进行定位夹紧。

3）工件以其他特殊表面定位。如图 2-36a 所示，心轴上有键 4，装在工件的键槽上进行定位。如图 2-36b 所示，工件以螺纹孔定位。图 2-36c 所示为花键心轴，通过花键孔进行定位。

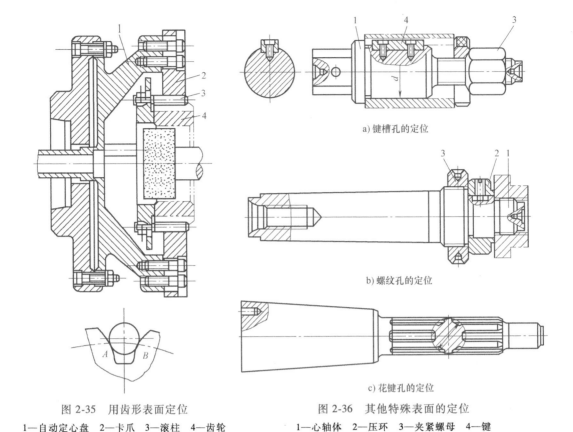

图 2-35　用齿形表面定位

1—自动定心盘　2—卡爪　3—滚柱　4—齿轮

a) 键槽孔的定位

b) 螺纹孔的定位

c) 花键孔的定位

图 2-36　其他特殊表面的定位

1—心轴体　2—压环　3—夹紧螺母　4—键

▶【任务实施】

通过分析可知，图 2-37 所示为后盖钻床夹具结构图，定位元件为圆柱销 5、菱形销 9。

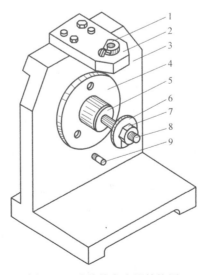

图 2-37　后盖钻床夹具结构图

1—钻套　2—钻模板　3—夹具体　4—支承板　5—圆柱销　6—开口垫圈　7—螺母　8—螺杆　9—菱形销

任务四 工件以平面定位时定位误差的分析与计算

▶【任务描述】

图 2-38 中，$S = (40 \pm 0.14)$ mm，$A = (20 \pm 0.15)$ mm 和 $B = (25 \pm 0.15)$ mm，采用图 2-38b 所示的定位方案，试分析和计算其定位误差。

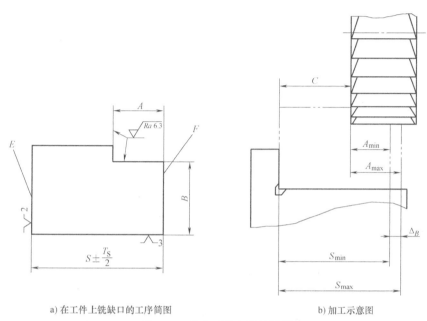

a) 在工件上铣缺口的工序简图   b) 加工示意图

图 2-38 基准不重合误差计算

▶【任务分析】

如图 2-38 所示的台阶面，采用三面刃铣刀在卧式铣床上加工，保证尺寸 A 和 B 的加工精度，工件以底平面和侧面 E 定位。B 尺寸的工序基准是工件的底平面，定位基准也是工件的底平面，符合基准重合原则，基准不重合误差为 0；A 尺寸的工序基准是工件的 F 面，定位基准是工件的侧面 E，基准不重合，需要计算基准不重合误差值。

▶【相关知识】

1. 基准的概念及选择

（1）基准 用来确定生产对象上几何要素间的几何关系所依据的点、线、面。

（2）工序基准 在工序图上用来确定本工序所加工表面加工后的尺寸、形状、位置的基准。

（3）定位基准 在加工中作定位用的基准。当工件以回转面（圆柱面、圆锥面、球面等）与定位元件接触（或配合）时，工件上的回转面称为定位基面，轴线称为定位基准。

（4）限位基准 工件以定位元件定位，当工件以回转面（圆柱面、圆锥面、球面等）

与定位元件接触（或配合）时，定位心轴的外表面称为限位基面，轴线称为限位基准。当工件以平面与定位元件接触时，工件上实际存在的面是定位基面，它的理想状态是定位基准，定位元件上的限位平面就是限位基准（基面），如图 2-39 所示。

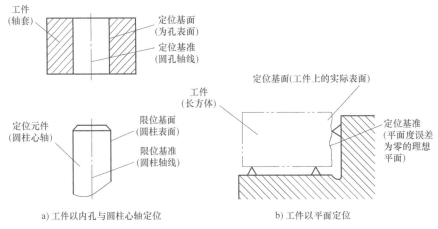

a) 工件以内孔与圆柱心轴定位　　　　b) 工件以平面定位

图 2-39　定位基准与限位基准示意图

（5）定位基准的选择　定位基准的选择是定位设计的一个关键问题。工件的定位基准一旦被确定，则其定位方案也基本上确定，通常定位基准是在制订工艺规程时选定的。如图 2-40a 所示，平面 A 和 B 靠在支承元件上得到定位，以保证工序尺寸 H、h。图 2-40b 所示为工件以素线 C、F 为定位基准。定位基准除了是工件上的实际表面（轮廓要素面、点或线）外，也可以是中心要素，如几何中心、对称中心线或对称中心平面。当工件以回转面（圆柱面、圆锥面、球面等）与定位元件接触（或配合）时，工件上的回转面称为定位基面，轴线称为定位基准。如图 2-40c 所示，定位基准是两个与 V 形块接触的点 D、E 的几何中心 O，这种定位称为中心定位。

设计夹具时，从减小加工误差考虑，应尽可能选用工序基准为定位基准，即遵循基准重合原则。当用多个表面定位时，应选择其中一个较大的表面为主要定位基准。

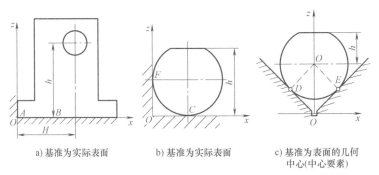

a) 基准为实际表面　　　　b) 基准为实际表面　　　　c) 基准为表面的几何
　　　　　　　　　　　　　　　　　　　　　　　　　　　中心（中心要素）

图 2-40　定位基准与工序基准示意图

2. 定位误差的分析与计算

（1）定位误差的定义　一批工件逐个在夹具上定位时，由于工件及定位元件存在公差，使各个工件所占据的位置不完全一致，加工后形成的加工尺寸不一致，称为加工误差。这种由定位引起的同一批工件的工序基准在加工尺寸方向上的最大变动量，称为定位误差，以

Δ_D 表示。

定位误差研究的主要对象是工件的工序基准和定位基准。工序基准的变动量将影响工件的尺寸精度和位置精度。

（2）定位误差产生的原因　造成定位误差的原因有两个：一是定位基准与工序基准不重合，由此产生基准不重合误差 Δ_B；二是定位基准与限位基准不重合，由此产生基准位移误差 Δ_Y。

1）基准不重合误差 Δ_B。图 2-38a 所示为在工件上铣缺口的工序简图，加工尺寸为 A 和 B。图 2-38b 所示为加工示意图，工件以底面和 E 面定位。C 是确定夹具与刀具相互位置的对刀尺寸，在一批工件的加工过程中，C 的大小是不变的。

加工尺寸 A 的工序基准是 F，定位基准是 E，两者不重合。当一批工件逐个在夹具上定位时，受尺寸 $S\pm(T_S/2)$ 的影响，工序基准 F 的位置是变动的。F 的变动直接影响尺寸 A 的大小，造成 A 的尺寸误差，这个误差就是基准不重合误差。

显然，基准不重合误差的大小应等于因定位基准与工序基准不重合而造成的加工尺寸的变动范围。由图 2-38b 可知

$$\Delta_B = A_{\max} - A_{\min} = S_{\max} - S_{\min} = T_S \tag{2-1}$$

S 是定位基准 E 与工序基准 F 间的距离尺寸，称为定位尺寸。

由此可知，当工序基准的变动方向与加工尺寸的方向相同时，这时基准不重合误差等于定位尺寸的公差，即

$$\Delta_B = T_S \tag{2-2}$$

当工序基准的变动方向与加工尺寸的方向不一致时，存在一夹角 α 时，基准不重合误差等于定位尺寸的公差在加工尺寸方向上的投影，即

$$\Delta_B = T_S \cos\alpha \tag{2-3}$$

当基准不重合误差受多个尺寸影响时，应将其在工序尺寸方向上合成。

基准不重合误差的一般计算式为

$$\Delta_B = \sum_{i=1}^{n} T_i \cos\beta \tag{2-4}$$

式中，T_i 为定位基准与工序基准间的尺寸链组成环的公差（mm）；β 为 T_i 的方向与加工尺寸方向间的夹角（°）。

图 2-38 所示加工尺寸 B 的工序基准与定位基准均为底面，基准重合，所以基准不重合误差 $\Delta_B = 0$。

2）基准位移误差 Δ_Y，由于定位基准的误差或定位支承点的误差而造成的定位基准位移，即工件实际位置对确定位置的理想要素的误差，称为基准位移误差，以 Δ_Y 表示。

当定位基准的变动方向与加工尺寸的方向一致时，基准位移误差等于定位基准的变动范围，即

$$\Delta_Y = T_i \tag{2-5}$$

当定位基准的变动方向与加工尺寸的方向不一致时，若两者之间成夹角 α，则基准位移误差等于定位基准的变动范围在加工尺寸方向上的投影，即

$$\Delta_Y = T_i \cos\alpha \tag{2-6}$$

图 2-38 所示工件均以平面定位，其定位基面与定位元件限位基面以平面接触，二者的

位置不会发生相对变化，因此基准位移误差为零，即工件以平面定位时 $\Delta_Y = 0$。

▶ 【任务实施】

解：1）对于加工尺寸 $B = 25 \pm 0.15$mm，底面既是工序基准又是定位基准，$\Delta_B = 0$；工件又以平面定位，$\Delta_Y = 0$。所以 $\Delta_D = 0$mm。

2）对于加工尺寸 $A = (20 \pm 0.15)$mm，A 尺寸的工序基准是工件的 F 面，定位基准是工件的侧面 E，基准不重合，$\Delta_B \neq 0$，需要计算基准不重合误差值，误差值为工序基准与定位基准之间尺寸的误差值，即尺寸 S 的误差值。

所以 $\Delta_B = +0.14$mm $-(-0.14)$mm $= 0.28$mm，工件又以平面定位，$\Delta_Y = 0$。所以 $\Delta_D = 0.28$mm。

在定位误差分析和计算时，应当注意以下点：

① 分析计算定位误差的前提是采用夹具来装夹加工一批工件，并采用调整法加工。

② 某工序的定位方案可以对本工序的几个加工尺寸产生不同的定位误差，应该对这几个加工尺寸逐个进行分析，并计算其定位误差。

③ 分析计算得出的定位误差值是指加工一批工件时可能产生的最大定位误差范围，而不是指某一个工件的定位误差的具体数值。

④ 定位误差移动方向与加工方向成一定角度时应折算。

⑤ 分析计算定位误差，一般情况下，夹具的精度对加工误差的影响较为重要，此外，分析定位方案时，也要求先对其定位误差是否影响工序的精度有一个估计，一般推荐在正常加工条件下，定位误差占工序尺寸公差的 $1/3 \sim 1/5$。

当定位精度不能满足工件加工要求时，应该提高定位元件的精度或重新选择定位基准。选择定位基准应尽可能与工序基准重合，避免基准不重合产生的误差，应尽可能选取择精度高的表面作为定位基准。

任务五　工件以孔定位时定位误差的分析与计算

▶ 【任务描述】

如图 2-41 所示，在支承盘上铣圆弧 $R5$mm，要求保证与内孔轴线的距离为 h_1 或与外圆下素线的距离为 h_2。若内孔与心轴为间隙配合，孔为 $\phi 20^{+0.021}_{0}$mm，轴为 $\phi 20^{-0.007}_{-0.020}$mm，试分析和计算工序尺寸 h_1 和 h_2 的定位误差。

▶ 【任务分析】

如图 2-41 所示，在支承盘上铣圆弧 $R5$mm，保证尺寸 h_1 和 h_2 的加工精度，工件以 $\phi 20^{+0.021}_{0}$mm 的孔定位。

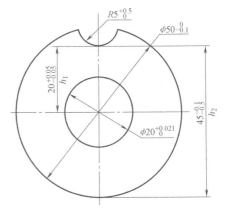

图 2-41　支承盘工序简图

尺寸 h_1 的工序基准是 $\phi20^{+0.021}_0$ mm 孔的轴线，定位基准也是 $\phi20^{+0.021}_0$ mm 孔的轴线，符合基准重合原则，基准不重合误差为 0。

尺寸 h_2 的工序基准是工件直径为 $\phi50$ mm 外圆的最下面的素线，定位基准仍然是 $\phi20^{+0.021}_0$ mm 孔的轴线，基准不重合，需要计算基准不重合误差值 Δ_B。

内孔与心轴为间隙配合，存在着位移 Δ_Y，所以需要计算位移误差值 Δ_Y。

▶【相关知识】

1. 以孔定位时位移误差的计算

在以工件孔定位的情况下，定位元件采用圆柱定位销或圆柱心轴进行定位，其定位基准为孔的中心线，定位基面为内孔表面。圆柱定位销、圆柱心轴与被定位的工件内孔的配合为过盈配合时，不存在间隙，定位基准（内孔轴线）相对于定位元件没有位置变化，则基准位移误差 $\Delta_Y=0$。

如图 2-42 所示，当定位副为间隙配合时，由于定位副配合间隙的影响，会使工件上内孔中心线（定位基准）的位置发生偏移，其中心偏移量在加工尺寸方向上的投影即为基准位移误差 Δ_Y。定位基准偏移的方向有两种可能：一种是可以在任意方向上偏移；另一种是只能在某一方向上偏移。

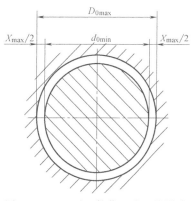

当定位基准在任意方向偏移时，其最大偏移量即为定位副直径方向的最大间隙，即

$$\Delta_Y = X_{\max} = D_{\max} - d_{0\min} = T_D + T_{d0} + X_{\min} \qquad (2-7)$$

式中，$X_{\max}$ 为定位副最大配合间隙（mm）；$D_{\max}$ 为工件定位孔最大直径（mm）；$d_{0\min}$ 为定位圆柱销或圆柱心轴的最小直径（mm）；T_D 为工件定位孔的直径公差

图 2-42　$X_{\max}$ 对工件位置公差的影响

（mm）；T_{d0} 为定位圆柱销或圆柱心轴的直径公差（mm）；$X_{\min}$ 为定位所需的最小间隙（mm），由设计时确定。

当基准偏移为单方向时，其移动方向最大偏移量为半径方向的最大间隙，即

$$\Delta_Y = \frac{X_{\max}}{2} = \frac{D_{\max} - d_{0\min}}{2} = \frac{T_D + T_{d0} + X_{\min}}{2} \qquad (2-8)$$

当工件用长定位轴定位时，定位的配合间隙还会使工件发生歪斜，并影响工件的平行度要求。如图 2-43 所示，工件除了孔距公差外，还有平行度要求，定位配合的最大间隙 $X_{\max}$ 同时会造成平行度误差，即

$$\Delta_Y = (T_D + T_{d0} + X_{\min})\frac{L_1}{L_2} \qquad (2-9)$$

式中，L_1 为加工面长度（mm）；L_2 为定位孔长度（mm）。

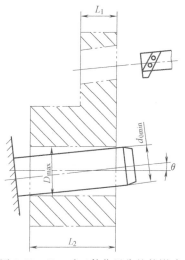

图 2-43　$X_{\max}$ 对工件位置公差的影响

2. 误差合成

造成定位误差的原因是定位基准与工序基准不重合以及定位基准与限位基准不重合，因此，定位误差应是基准不重合误差与基准位移误差的合成。计算时，可先算出 Δ_B 和 Δ_Y，然后将两者合成而得 Δ_D。

（1）工序基准不在定位基面上误差的合成　若工序基准不在定位基面上（工序基准与定位基面为两个独立的表面），即 Δ_Y 与 Δ_B 无相关公共变量，则

$$\Delta_D = \Delta_Y + \Delta_B$$

（2）工序基准在定位基面上误差的合成　若工序基准在定位基面上，即 Δ_Y 与 Δ_B 有相关的公共变量，则

$$\Delta_D = \Delta_Y \pm \Delta_B$$

式中，"+""-"号的确定方法如下：

① 定位基面尺寸由小变大（或由大变小）时，分析定位基准的变动方向。

② 当定位基面尺寸做同样的变化时，假设定位基准的位置不变动，分析工序基准的变动方向。

③ 两者的变动方向相同时，取"+"号，两者的变动方向相反时，取"-"号。

▶【任务实施】

解：1）工序尺寸 h_1 的定位误差。尺寸 h_1 的工序基准是 $\phi 20^{+0.021}_{0}$ mm 孔的轴线，定位基准也是 $\phi 20^{+0.021}_{0}$ mm 孔的轴线，符合基准重合原则，基准不重合误差为 0。

工件以 $\phi 20^{+0.021}_{0}$ mm 的孔定位，位移误差为

$$\begin{aligned}
\Delta_Y &= T_D + T_{d_0} + X_{\min} \\
&= 0.021\text{mm} + 0.013\text{mm} + 0.007\text{mm} \\
&= 0.041\text{mm}
\end{aligned}$$

由于工序基准不在定位基面上，所以

$$\Delta_D = \Delta_Y + \Delta_B = \Delta_Y = 0.041\text{mm}$$

2）工序尺寸 h_2 的定位误差。尺寸 h_2 的工序基准是工件直径为 $\phi 50$mm 外圆的最下面的素线，定位基准仍然是 $\phi 20^{+0.021}_{0}$ mm 孔的轴线，基准不重合，需要计算基准不重合误差值 Δ_B。

基准不重合误差 Δ_B，即为 z 轴方向支承盘外圆半径的误差：

$$\Delta_B = T/2 = 0.10/2\text{mm} = 0.05\text{mm}$$

工件以 $\phi 20^{+0.021}_{0}$ mm 孔定位，位移误差为

$$\begin{aligned}
\Delta_Y &= T_D + T_{d_0} + X_{\min} \\
&= 0.021\text{mm} + 0.013\text{mm} + 0.007\text{mm} \\
&= 0.041\text{mm}
\end{aligned}$$

由于工序基准不在定位基面上，所以

$$\Delta_D = \Delta_Y + \Delta_B = 0.041\text{mm} + 0.05\text{mm} = 0.091\text{mm}$$

【知识拓展】

钻、铰图 2-44a 所示凸轮上的两小孔（φ16mm），定位方式如图 2-44b 所示。定位销直径为 $\phi 22^{\ 0}_{-0.021}$ mm，求加工尺寸 100±0.1mm 的定位误差。

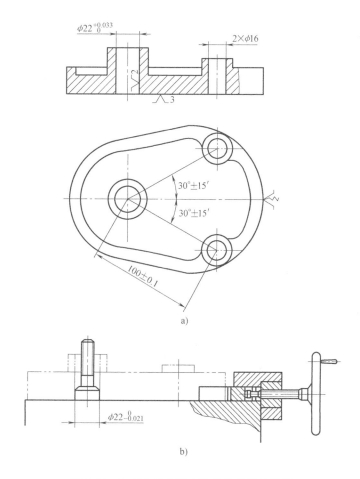

a)

b)

图 2-44 加工凸轮上两小孔的定位误差计算

解：1）定位基准与工序基准重合，$\Delta_B = 0$。

2）由于夹紧力的作用，定位基准相对限位基准单方向移动，定位基准移动方向与加工尺寸方向间的夹角为 30°±15′。根据式（2-6）和式（2-8）得

$$\Delta'_Y = \frac{X_{max}}{2} = \frac{D_{max} - d_{0min}}{2} = \frac{T_D + T_{d0} + X_{min}}{2}$$

$$= (0.033\text{mm} + 0.021\text{mm} + 0\text{mm})/2 = 0.027\text{mm}$$

$$\Delta_Y = \Delta'_Y \cos\alpha = 0.027 \times \cos30°\text{mm} = 0.02\text{mm}$$

3）由于工序基准（孔的轴线）不在定位基面内孔圆柱面上，Δ_B 与 Δ_Y 无相关公共变量，所以

$$\Delta_D = \Delta_Y + \Delta_B = 0.02\text{mm} + 0\text{mm} = 0.02\text{mm}$$

任务六 工件以外圆定位时定位误差的分析与计算

 【任务描述】

采用图 2-45 所示的定位方式在阶梯轴上铣槽，V 形块的夹角为 90°，试计算加工尺寸 (74±0.1)mm 的定位误差。

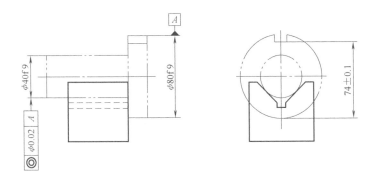

图 2-45 阶梯轴在 V 形块中定位铣槽

▶ 【相关知识】

工件以外圆柱面在 V 形块上定位时，其定位基准为工件外圆柱面的轴线，定位基面为外圆柱面。如图 2-46a 所示，若不计 V 形块的误差而仅有工件基准面的形状和尺寸误差时，其工件的定心中心会发生偏移，产生基准位移误差。由图 2-46b 可知，仅由于 T_d 的影响，使工件中心沿 z 向从 O_1 移至 O_2，即基准位移量为

$$\Delta_Y = \delta_i = O_1 O_2 = \frac{d}{2\sin\frac{\alpha}{2}} - \frac{d - T_d}{2\sin\frac{\alpha}{2}} = \frac{T_d}{2\sin\frac{\alpha}{2}} \tag{2-10}$$

式中，T_d 为工件定位基准的直径公差（mm）；$\alpha/2$ 为 V 形块的半角（°）。

V 形块的对中性好，即其沿 X 向的位移误差为零。

当 $\alpha = 90°$ 时，V 形块的位移误差可由下式计算：

$$\Delta_Y = 0.707 T_d \tag{2-11}$$

▶ 【任务实施】

解： 由查表可知

$$\phi 40 f9 (\phi 40^{-0.025}_{-0.087} mm)$$

$$\phi 80 f9 (\phi 80^{-0.030}_{-0.104} mm)$$

① 定位基准是小圆柱的轴线，工序基准在大圆柱的素线上，基准不重合误差

$$\Delta_B = T_{d大}/2 + t = 0.074/2 mm + 0.02 mm = 0.057 mm$$

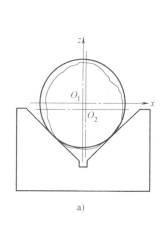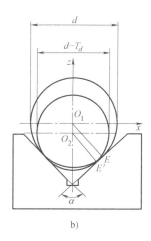

a)   b)

图 2-46 V 形块定心定位的位移误差

② 基准位移误差

$$\Delta_Y = \frac{T_{d小}}{2\sin\frac{\alpha}{2}} = \frac{0.062}{2\sin\frac{90°}{2}}mm = \frac{0.062}{2\times0.707}mm = 0.044mm$$

③ 工序基准不在定位基面上，则定位误差

$$\Delta_D = \Delta_Y + \Delta_B = 0.057mm + 0.044mm = 0.101mm$$

【知识拓展】

铣图 2-47 所示工件上的键槽。如图 2-48 所示，工件以圆柱面 $d_{-Td}^{\ 0}$ 在 $\alpha = 90°$ 的 V 形块上定位，求加工尺寸分别为 A_1、A_2、A_3 时的定位误差。

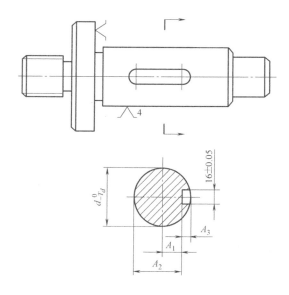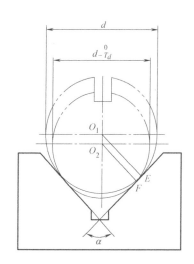

图 2-47 定位误差计算示例   图 2-48 工件在 V 形块定位时的基准位移误差

解：1）加工尺寸 A_1 的定位误差。

① 工序基准是圆柱轴线，定位基准也是圆柱轴线，两者重合

$$\Delta_B = 0$$

② 定位基准相对限位基准有位移，T_i 与加工尺寸方向一致，按式（2-10）得

$$\Delta_Y = T_i = O_1 O_2 = \frac{d}{2\sin\frac{\alpha}{2}} - \frac{d - T_d}{2\sin\frac{\alpha}{2}} \frac{T_d}{2\sin\frac{\alpha}{2}}$$

③ 由于工序基准（轴线）不在定位基面（圆柱面）上，Δ_B 与 Δ_Y 无相关公共变量，所以

$$\Delta_D = \Delta_B + \Delta_Y = 0 + \frac{T_d}{2\sin\frac{\alpha}{2}} = \frac{T_d}{2\sin\frac{\alpha}{2}} = 0.707 T_d \ (\alpha = 90°时)$$

2）加工尺寸 A_2 的定位误差

① 由于工序基准是圆柱下素线，定位基准是圆柱轴线，两者不重合，定位尺寸

$$S = \left(\frac{d}{2}\right)^{0}_{-\frac{T_d}{2}}{}^{\circ}$$

所以

$$\Delta_B = T_S = \frac{T_d}{2}$$

② 同理，按式（2-10）得

$$\Delta_Y = \frac{T_d}{2\sin\frac{\alpha}{2}}$$

③ 定位误差的合成。工序基准在定位基面上，当定位基面直径由大变小时，定位基准朝下变动；当定位基面直径由大变小、定位基准不动时，工序基准朝上变动。两者的变动方向相反，取"－"号，故

$$\Delta_D = \Delta_Y - \Delta_B = \frac{T_d}{2\sin\frac{\alpha}{2}} - \frac{T_d}{2} = \frac{T_d}{2}\left[\frac{1}{\sin\frac{\alpha}{2}} - 1\right]$$

$$= 0.207 T_d \quad (\alpha = 90°时)$$

3）加工尺寸 A_3 的定位误差

① 同理，定位基准与工序基准不重合

$$\Delta_B = T_S = \frac{T_d}{2}$$

② 同理，按式（2-10）得

$$\Delta_Y = \frac{T_d}{2\sin\frac{\alpha}{2}}$$

③ 定位误差的合成。工序基准在定位基面上，当定位基面直径由大变小时，定位基准朝下变动；当定位基面直径由大变小、定位基准不动时，工序基准也朝下变动。两者的变动

方向相同，取"+"号，故

$$\Delta_D = \Delta_Y + \Delta_B = \frac{T_d}{2\sin\dfrac{\alpha}{2}} + \frac{T_d}{2} = \frac{T_d}{2}\left[\frac{1}{\sin\dfrac{\alpha}{2}} + 1\right]$$

$$= 1.207T_d \quad (\alpha = 90°\text{时})$$

结论：轴在 V 形块上定位时的基准位移误差为 $\Delta_Y = \dfrac{T_d}{2\sin\dfrac{\alpha}{2}}$，由于 Δ_B 与 Δ_Y 中均包含一

个公共变量 T_d，所以需用合成计算定位误差，根据两者的作用方向取代数和。

思考与练习题

1. 简述六点定位原则。

2. 应用六点定位原则时应注意哪些问题？

3. 夹具保证加工精度必须要满足哪三个条件？

4. 简述定位与夹紧的关系。

5. 定位方式有哪几类？哪种定位方式能满足加工要求？哪种定位方式不能满足加工要求？

6. 采取哪些措施可以消除过定位？

7. 定位设计时应遵循哪三项原则？

8. 简述对定位元件的基本要求。

9. 如图 2-49 所示，求加工尺寸 A 的定位误差。

10. 镗削如图 2-50 所示工件的孔 $\phi15H7$，试求其定位误差。

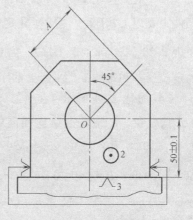

图 2-49 题 9 图

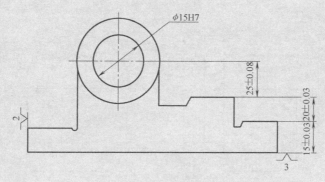

图 2-50 题 10 图

11. 如图 2-51 所示，以 A 面定位加工 $\phi20H8$ 孔，求加工尺寸 (40 ± 0.1)mm 的定位误差。

12. 图 2-52 所示为镗削 $\phi30H7$ 孔时的定位，试计算定位误差。

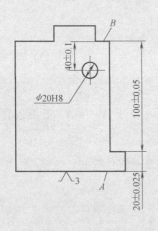

图 2-51　题 11 图

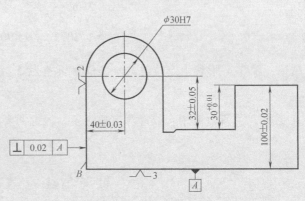

图 2-52　题 12 图

13. 钻、铰图 2-53 所示零件上 $\phi10H7$ 孔，工件主要以 $\phi20H7$（$^{+0.021}_{0}$）孔定位，定位轴直径为 $\phi20^{-0.007}_{-0.016}$mm，求工序尺寸 (50 ± 0.07)mm 的定位误差和影响工件平行度的定位误差。

14. 如图 2-54 所示，工件以小端外圆 d_1 用 V 形块定位，V 形块上两斜面间的夹角为 90°，加工 $\phi10H8$ 孔。已知 $d_1 = \phi30^{0}_{-0.01}$mm，$d_2 = \phi55^{-0.010}_{-0.056}$mm，$H = (40\pm0.15)$mm，同轴度误差 $t = \phi0.03$mm，求加工尺寸 $H = (40\pm0.15)$mm 的定位误差。

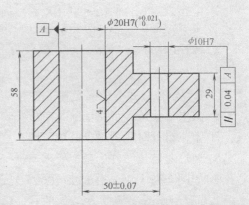

图 2-53　题 13 图

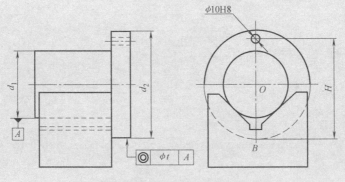

图 2-54　题 14 图

15. 用图 2-55 所示的定位方式在台阶轴上铣削平面，工序尺寸 $A = 29^{0}_{-0.16}$mm，试计算其定位误差。

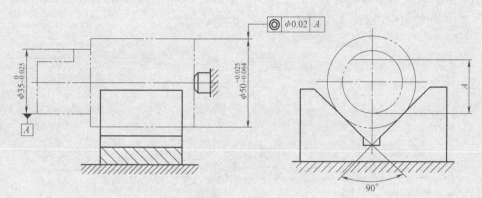

图 2-55　题 15 图

16. 如图 2-56 所示的方式定位，已知 $d_1 = \phi 20_{-0.013}^{0}$ mm，$d_2 = \phi 45_{-0.016}^{0}$ mm，两外圆的同轴度误差为 $\phi 0.02$mm，V 形块夹角 $\alpha = 90°$。计算尺寸 H 的定位误差。

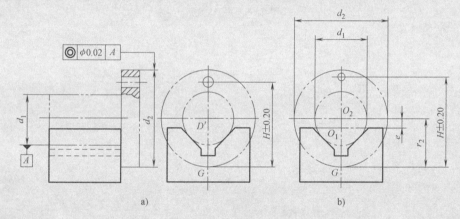

图 2-56　题 16 图

17. 如图 2-57 所示，工件以孔 D 定位，定位元件轴 d 的公差为 T_d，求加工尺寸 A、E、H 的定位误差。

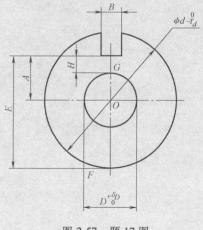

图 2-57　题 17 图

18. 如图 2-58 所示的垫圈零件，在本工序中需钻 $\phi1mm$ 孔，试计算被加工孔的位置尺寸 L_1、L_2、L_3 的定位误差，如果定位不合理，如何改进？

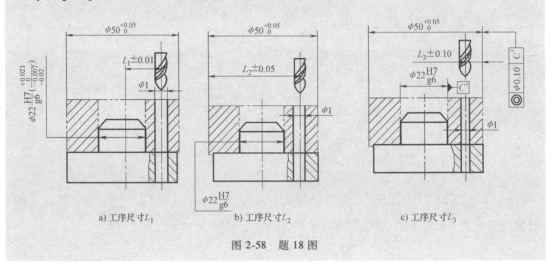

图 2-58　题 18 图

夹紧装置的设计

▶【项目描述】

能根据零件的加工要求，设计出合适的夹紧装置。

▶【技能目标】

1. 能根据加工要求正确选择夹紧方式。
2. 能正确选择夹紧力的方向和作用点。

▶【知识目标】

1. 掌握机床夹具夹紧力确定原则。
2. 掌握减少夹紧变形的方法。
3. 理解定心夹紧机构的原理。
4. 了解基本夹紧机构的种类。

▶【任务描述】

图 3-1 所示为法兰盘零件，材料为 HT200，欲在其上加工 4×φ26H11 孔。根据工艺规

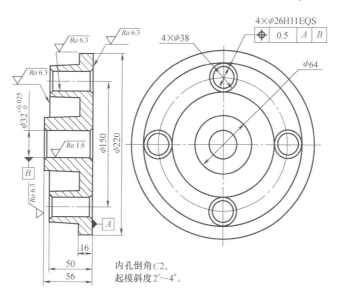

图 3-1　法兰盘零件

程，本工序是最后一道机加工工序，采用钻模分两个工步加工，即先钻 ϕ24mm 孔，后扩至 ϕ26H11，试设计定位元件及夹紧装置。

【任务分析】

要求在图 3-1 所示法兰盘零件上加工出 4×ϕ26H11 孔，现要在钻床上钻孔，试设计定位元件及夹紧装置。

【相关知识】

1. 夹紧装置的组成

根据结构特点和功用，夹紧装置通常由三部分组成，如图 3-2 所示。

（1）力源装置　力源装置是给夹紧装置提供动力的装置，通常提供动力的有气压装置、液压装置、电动装置、磁力装置和真空装置等。

手动夹紧时的力源由人力保证，它没有力源装置。

（2）中间传力机构　通过它将力源产生的夹紧力传给夹紧元件，然后由夹紧元件最终完成对工件的夹紧。一般中间传力机构可以在传递夹紧力的过程中，改变夹紧力的方向和大小。

（3）夹紧元件　它是实现夹紧的最终执行元件。通过它和工件直接接触而完成夹紧工件的动作，如图 3-2 中的压板 4。

对于手动夹紧装置而言，夹紧装置由中间传力机构和夹紧元件所组成。

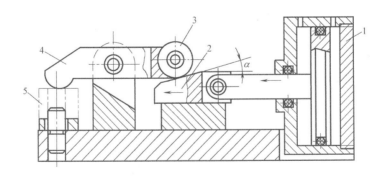

图 3-2　夹紧装置的组成
1—气缸　2—斜楔　3—滚子　4—压板　5—工件

2. 夹紧装置设计的基本要求

在设计夹紧装置的时候，要保证工件的加工质量，提高生产效率，降低加工成本以及减轻工人的劳动强度，所以设计的夹紧装置应满足下列基本要求：

1）在夹紧过程中，不可以改变工件定位后所占据的正确位置。

2）夹紧力的大小要可靠和适当，要保证工件不产生过大的变形。

3）夹紧装置的工艺性要好。

4）使用夹紧装置加工工件时，应当容易装卸。

3. 夹紧力确定的基本原则

力的三要素有大小、方向和作用点，确定夹紧力时要分析工件的结构特点、加工要求、切削力和其他外力作用于工件的情况，以及定位元件的结构和布置方式。

（1）夹紧力的方向

1）选择夹紧力的方向应有助于定位稳定，应朝向主要限位面。

如图 3-3a 所示，工件被镗的孔与左端面有一定的垂直度要求，夹紧应朝向主要限位面 A，这样做，有利于保证孔与左端面的垂直度要求。如果夹紧力改朝 B 面，则由于工件左端面与底面存在垂直度误差，将影响孔与左端面的垂直度要求。

如图 3-3b 所示，夹紧力朝向主要限位面，即 V 形块的 V 形面，使工件的装夹稳定可靠。

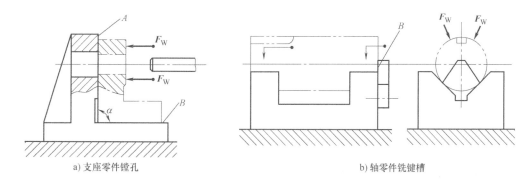

a) 支座零件镗孔   b) 轴零件铣键槽

图 3-3   夹紧力朝向主要限位面

2）选择夹紧力的方向应有利于减小夹紧力。图 3-4 所示为工件在夹具中加工时常见的几种受力情况。图 3-4a 中，夹紧力 F_W、切削力 F 和重力同向时，所需的夹紧力最小。

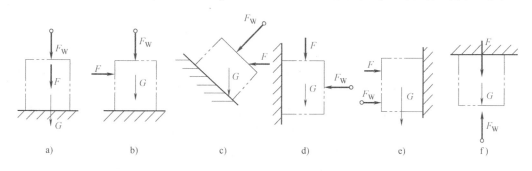

a)   b)   c)   d)   e)   f)

图 3-4   夹紧力方向与夹紧力大小的关系

3）选择夹紧力的方向应是工件刚度较大的方向。图 3-5 所示为加工薄壁套类零件。其中图 3-5a 所示的夹紧力的作用方向，因工件径向刚度最差，容易变形，而轴向刚度最好，宜采用图 3-5b 所示的夹紧方案，可避免工件发生严重的夹紧变形。

（2）夹紧力的作用点

1）夹紧力的作用点应落在定位元件的支承范围内。如图 3-6 所示，夹紧力的作用点落到了定位元件的支承范围之外，夹紧时将破坏工件的定位，因而是错误的。图 3-6a 所示夹

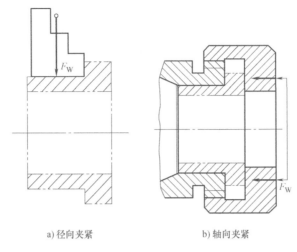

a) 径向夹紧　　　　　　　　　b) 轴向夹紧

图 3-5　夹紧力方向与工件刚性的关系

紧力 F_W 的作用点应向左移动，在两个支承元件中间。图 3-6b 所示夹紧力 F_W 的作用点应向下移动，在定位元件的下方。

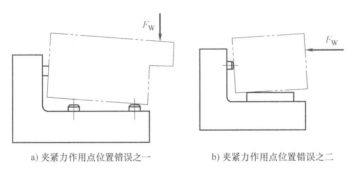

a) 夹紧力作用点位置错误之一　　　　　b) 夹紧力作用点位置错误之二

图 3-6　夹紧力作用点的位置不正确

2）夹紧力的作用点应选在工件刚度较高的部位。如图 3-7a 所示，夹紧力 F_W 的作用点选在工件刚度最高的部位，工件的夹紧变形最小；如图 3-7c 所示，夹紧力 F_W 的作用点对着定位元件，工件夹紧后基本没有变形；如图 3-7b 所示，夹紧力 F_W 的水平分力 F_x 会使工件产生较大的变形；如图 3-7d 所示，夹紧力 F_W 作用在工件最顶端，会使工件产生变形；如图 3-7e 所示，夹紧作用点的选择也会使工件产生变形。

3）夹紧力的作用点应尽量靠近加工表面。当夹紧力 F_W 的作用点靠近加工表面，可减小切削力对该点的力矩和减少振动。如图 3-8 所示，因 $M_1 < M_2$，故在切削力大小相同的条件下，图 3-8a、c 所用的夹紧力较小。

当夹紧力 F_W 的作用点只能远离加工表面时，造成工件装夹刚度较差时，应在靠近加工面附近设置辅助支承 2，并施加辅助夹紧力 F_{W1}（图 3-9），以减小加工时产生的振动。

（3）夹紧力的大小　理论上，夹紧力的大小应与作用在工件上的其他力（力矩）相平衡，而实际上，夹紧力的大小还与工艺系统的刚度、夹紧机构的传递效率等因素有关。因此，实际设计中常采用估算法、类比法和试验法确定所需的夹紧力。

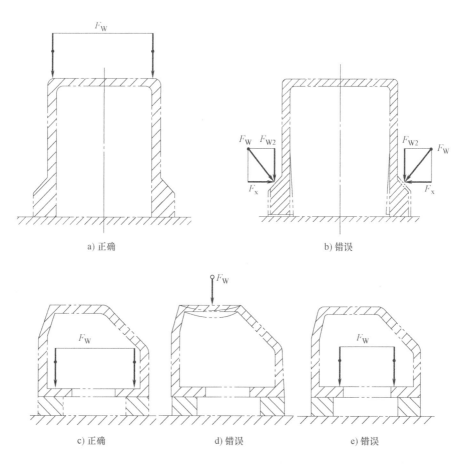

a) 正确 b) 错误

c) 正确 d) 错误 e) 错误

图 3-7 夹紧力作用点应在工件刚度高的部位

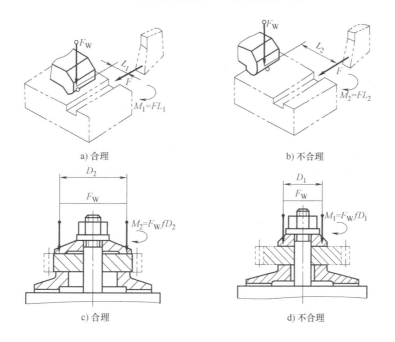

a) 合理 b) 不合理

c) 合理 d) 不合理

图 3-8 作用点应靠近工件加工部位

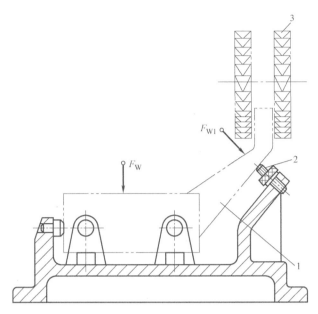

图 3-9　增设辅助支承和辅助夹紧力
1—工件　2—辅助支承　3—三面刃铣刀

4. 减少夹紧变形的方法

工件在夹具中夹紧时，夹紧力通过工件传至夹具的定位装置，造成工件及其定位基面和夹具变形。图 3-10 所示为工件夹紧时弹性变形产生的圆度误差 Δ 和工件定位基面与夹具支承面之间接触变形产生的加工尺寸误差 Δ_y。由于弹性变形计算复杂，故在夹具设计中不宜进行定量计算，主要是采取各种措施来减少夹紧变形对加工精度的影响。

（1）合理确定夹紧力的方向、作用点和大小　图 3-11 所示为增加夹紧力作用点的例子。图 3-11a 中，三点夹紧时工件的径向变形 ΔR 大，而六点夹紧时工件的径向变形 ΔR 将变小。图 3-11b 所示为在薄壁工件 1 与两个压板 3 之间增设垫圈 2，将两点集中的夹紧力变为均匀分布的夹紧力，从而减小了工件的变形。

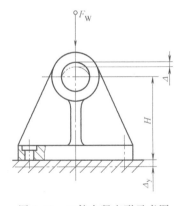

图 3-10　工件夹紧变形示意图

（2）使接触面受力相等　在可能的条件下采用机动夹紧，并使各接触面上所受的单位压力相等。

（3）提高工件和夹具元件的装夹刚度

1）对于刚度差的工件，应采用浮动夹紧装置或增设辅助支承。图 3-12 所示为浮动夹紧实例，因工件 6 形状特殊，刚度低，加工过程中会产生振动，设置浮动卡爪 7 和 8 来提高工件的刚度，减少在加工过程中的变形。图 3-13 所示为通过增设辅助支承达到强化工件刚度的目的。

2）改善接触面的形状，提高接合面的质量，如提高接合面的硬度、降低表面粗糙度值等。

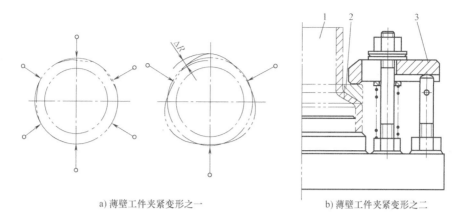

a) 薄壁工件夹紧变形之一   b) 薄壁工件夹紧变形之二

图 3-11 作用点数目与工件变形的关系

1—工件 2—垫圈 3—压板

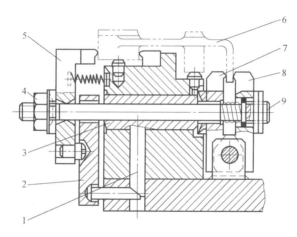

图 3-12 浮动式螺旋压板机构

1—滑柱 2—杠杆 3—套筒 4—螺母 5—压板 6—工件 7、8—浮动卡爪 9—拉杆

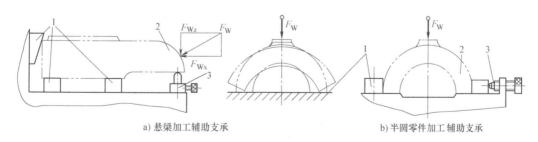

a) 悬梁加工辅助支承   b) 半圆零件加工辅助支承

图 3-13 设置辅助支承强化工件刚度

1—固定支承 2—工件 3—辅助支承

5. 基本夹紧机构

基本夹紧机构分为斜楔夹紧机构、螺旋夹紧机构、偏心夹紧机构和铰链夹紧机构四大类。

（1）斜楔夹紧机构　图 3-14 所示为三种用斜楔夹紧机构夹紧工件的实例。图 3-14a 是在工件上钻互相垂直的 $\phi8mm$、$\phi5\ mm$ 的孔。工件装入后，锤击斜楔大头，夹紧工件。加工完毕后，锤击斜楔小头，松开工件。

图 3-14b 是将斜楔与滑柱组合成一种夹紧机构，一般用气压或液压驱动。图 3-14c 是由端面斜楔与压板组合而成的夹紧机构。

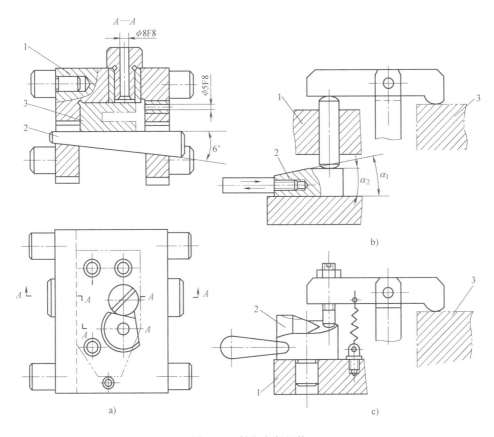

图 3-14　斜楔夹紧机构
1—夹具体　2—斜楔　3—工件

（2）螺旋夹紧机构　螺旋夹紧机构的结构工艺性好，而且螺纹升角小，自锁性能好，是手动夹具上用得最多的一种夹紧机构。

1）单个螺旋夹紧机构。图 3-15 所示为直接用螺钉或螺母夹紧工件的机构，称为单个螺旋夹紧机构。

在图 3-15a 中，夹紧时螺钉头直接与工件表面接触，螺钉转动时，可能损伤工件表面，或带动工件旋转，为此在螺钉头部装上图 3-16b 所示的摆动压块。当摆动压块与工件接触后，由于压块与工件间的摩擦力矩大于压块与螺钉间的摩擦力矩，压块不会随螺钉一起转动。图 3-15c 所示为用球面带肩螺母夹紧的结构，螺母和工件 4 之间加球面垫圈 6，可使工件受到均匀的夹紧力并避免螺杆弯曲。

图 3-16 中，A 型的端面是光滑的，用于夹紧已加工表面，B 型的端面有齿纹，用于夹紧毛坯粗糙表面。

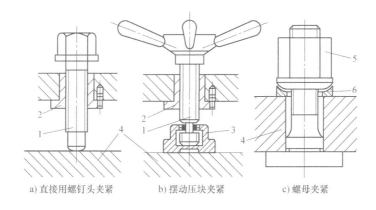

a) 直接用螺钉头夹紧　　b) 摆动压块夹紧　　c) 螺母夹紧

图 3-15　单个螺旋夹紧机构

1—螺钉、螺杆　2—螺母套　3—摆动压块　4—工件　5—球面带肩螺母　6—球面垫圈

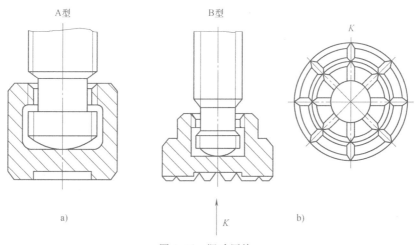

图 3-16　摆动压块

夹紧动作慢、工件装卸费时是单个螺旋夹紧机构的缺点。如图 3-15c 所示，装卸工件时，要将螺母拧上拧下，费时费力。克服这一缺点的办法很多，如图 3-17 所示。

图 3-17a 使用了开口垫圈；图 3-17b 采用了快卸螺母；图 3-17c 中，夹紧轴 1 上的直槽连着螺旋槽，先推动手柄 2，使摆动压块迅速靠近工件，继而转动手柄，夹紧工件并自锁；图 3-17d 中手柄 2 推动螺杆沿直槽方向快速接近工件，后将手柄 3 拉上图示位置，再转动手柄 2 带动螺母旋转，因手柄 3 的限制，螺母不能右移，致使螺杆带着摆动压块往左移动，从而夹紧工件。松夹时，只要反转手柄 2，稍微松开后，即可推开手柄 3，为手柄 2 的快速右移让出了空间。

2）螺旋压板机构。图 3-18 所示为常用螺旋压板机构的五种典型结构。

图 3-18a、b 所示两种机构的施力螺钉位置不同，其中图 3-18a 中夹紧力 F_J 小于作用力 F_Q，主要用于夹紧行程较大的场合；图 3-18b 可通过调整压板的杠杆比 l/L，实现增大夹紧力和夹紧行程的目的。图 3-18c 所示为铰链压板机构，主要用于增大夹紧力的场合。图 3-18d 所示为螺旋钩形压板机构，其特点是结构紧凑、使用方便，主要用于安装夹紧机构的位置受限的场合。图 3-18e 所示为自调式压板，它能适应工件高度在 0~100mm 范围内变化，而无须进行调节，其结构简单、使用方便。

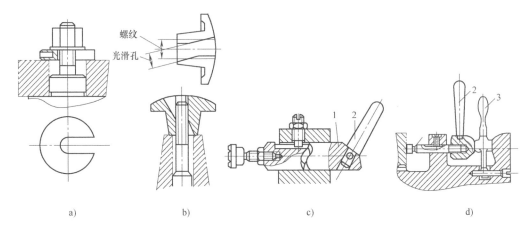

图 3-17 快速螺旋夹紧机构

1—夹紧轴 2、3—手柄

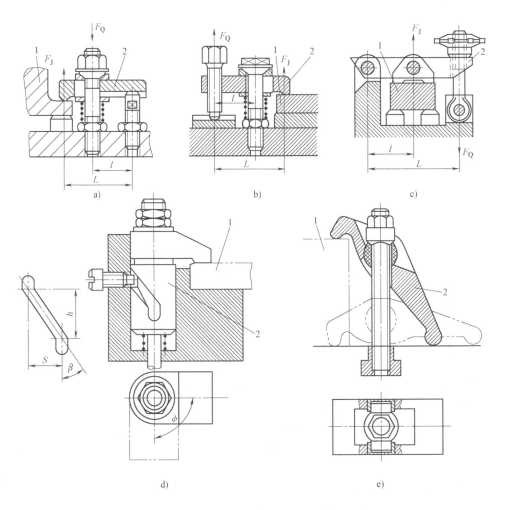

图 3-18 典型螺旋压板机构

1—工件 2—压板

上述各种螺旋压板机构，其结构尺寸均已标准化，设计者可参考有关国家标准和夹具设计手册进行设计。

（3）偏心夹紧机构　用偏心件直接或间接夹紧工件的机构，称为偏心夹紧机构。偏心件有圆偏心和曲线偏心两种类型，其中，圆偏心机构因结构简单、制造容易而得到广泛的应用。图 3-19 所示为几种常见偏心夹紧机构的应用实例。其中，图 3-19a、b 用的是圆偏心轮，图 3-19c 用的是偏心轴，图 3-19d 用的是偏心叉。

偏心夹紧机构的优点是操作方便、夹紧迅速；缺点是夹紧力和夹紧行程都较小。偏心夹紧机构一般用于切削力不大、振动小、没有离心力影响的加工中。

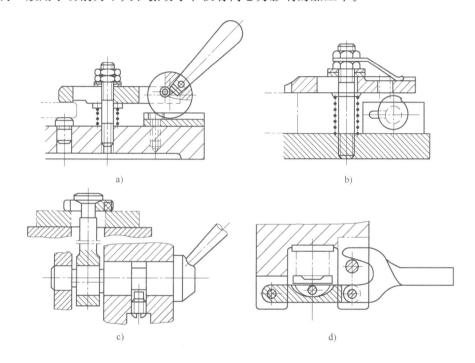

图 3-19　偏心夹紧机构

（4）铰链夹紧机构　铰链夹紧机构是由铰链、杠杆组合而成的一种增力机构，其结构简单，增力倍数较大，但无自锁性能。它常与力源装置（气缸、液压缸等）联合使用。

图 3-20 所示为铰链夹紧机构的五种基本类型。

▶【任务实施】

（1）定位元件的设计　为保证加工要求，工件 3 以图 3-1 所示法兰盘零件的 A 面作主要定位基准，用支承板 1 限制工件 3 的三个自由度，以定位销 2 与孔配合限制工件 3 的两个自由度，工件绕 z 轴的旋转自由度可以不限制，属于不完全定位方式，如图 3-21 所示。

（2）夹紧装置的设计　根据夹紧力方向和作用点的选择原则，为保证夹紧可靠，拟采用螺旋压板夹紧机构。针对工件的结构，为便于装卸工件，移动压板 4 置于工件 3 两侧，如图 3-21 所示。

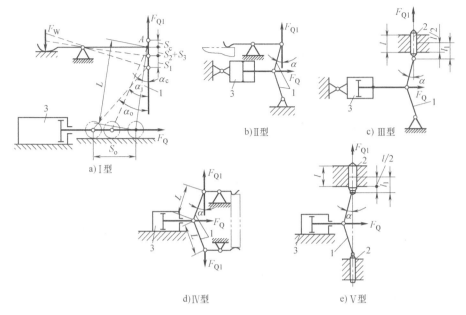

图 3-20　铰链夹紧机构的基本类型

1—铰链臂　2—柱塞　3—气缸

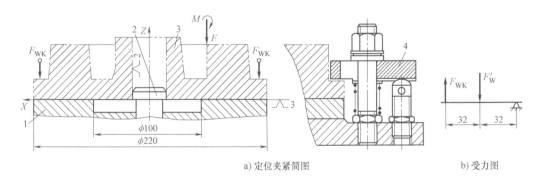

图 3-21　法兰盘定位与夹紧方案

1—支承板　2—定位销　3—工件　4—移动压板

【知识拓展】

1. 联动夹紧机构

（1）单件联动夹紧机构　单件联动夹紧机构按夹紧力的方向分为三种方式。

1）单件同向联动夹紧。图 3-22a 所示为浮动压头。通过浮动柱 2 的水平滑动协调浮动压头 1、3 实现对工件的夹紧。

图 3-22b 所示为联动钩形压板夹紧机构。它通过薄膜气缸 9 的活塞杆 8 带动浮动盘 7 和三个钩形压板 5，可使工件 4 得到夹紧或松开。钩形压板下部的螺母头及活塞杆的头部都以球面与浮动盘 7 相连接，并在长度和直径方向上留有足够的间隙，使浮动盘充分浮动以确保可靠地联动。

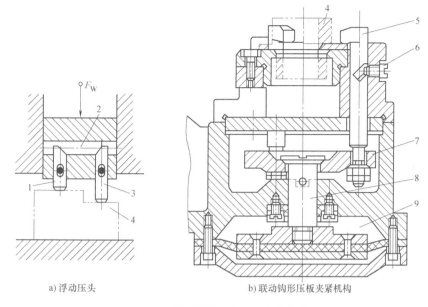

a) 浮动压头　　　　　　　　　　b) 联动钩形压板夹紧机构

图 3-22　单件同向多点联动夹紧机构

1、3—浮动压头　2—浮动柱　4—工件　5—钩形压板　6—螺钉

7—浮动盘　8—活塞杆　9—气缸

2）单件对向联动夹紧。图 3-23 所示为单件对向联动夹紧机构。当液压缸中的活塞杆 3 向下移动时，通过双臂铰链使浮动压板 2 相对转动，最后将工件 1 夹紧。

3）互垂力或斜交力的联动夹紧。图 3-24a 所示为双向浮动四点联动夹紧机构。由于摇臂 2 可以转动并与摆动压块 1、3 铰链连接，因此，当拧紧螺母 4 时，便可从两个相互垂直的方向上实现四点联动夹紧。图 3-24b 所示为通过摆动压块 1 实现斜交力两点联动夹紧的浮动压头。

（2）多件联动夹紧机构　多件联动夹紧机构多用于中、小型工件的加工，

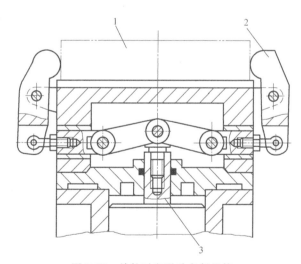

图 3-23　单件对向联动夹紧机构

1—工件　2—浮动压板　3—活塞杆

按其对工件施力方式的不同，一般分为如下几种形式：

1）平行式多件联动夹紧。图 3-25a 所示为平行式浮动压板夹紧机构。由于压板 2、摆动压块 3 和球面垫圈 4 可以相对转动，均是浮动件，故旋动螺母 5 即可同时平行夹紧每个工件。图 3-25b 所示为液性介质联动夹紧机构。密闭腔内的不可压缩的液性介质既能传递力，还能起浮动连接的作用，旋紧螺母 5 时，液性介质推动各个柱塞 7，使它们与工件全部接触并夹紧。

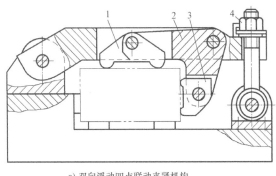 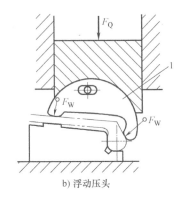

a) 双向浮动四点联动夹紧机构   b) 浮动压头

图 3-24　互垂力或斜交力联动夹紧机构
1、3—摆动压块　2—摇臂　4—螺母

由于工件有尺寸公差，如采用图 3-25c 所示的刚性压板 2，则各工件所受的夹紧力就不相同，甚至有些工件夹不住。因此，为了能均匀地夹紧工件，平行夹紧机构也必须有浮动环节。

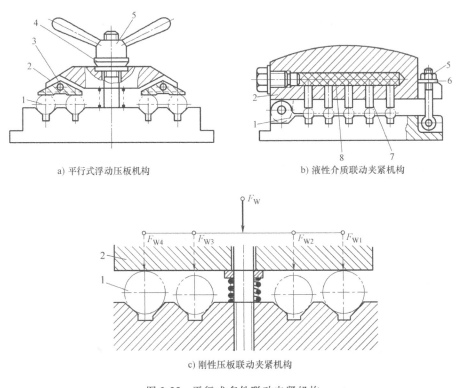

a) 平行式浮动压板机构   b) 液性介质联动夹紧机构

c) 刚性压板联动夹紧机构

图 3-25　平行式多件联动夹紧机构
1—工件　2—压板　3—摆动压板　4—球面垫圈
5—螺母　6—垫圈　7—柱塞　8—液性介质

2）连续式多件夹紧。如图 3-26 所示，七个工件 1 以外圆及轴肩在夹具的可移动 V 形块 2 中定位，用夹紧螺钉 3 夹紧。V 形块 2 既是定位、夹紧元件，又是浮动元件，除左端第一个工件外，其他工件也是浮动的。在理想条件下，各工件所受的夹紧力 F_{wi} 均为螺钉输出的夹紧力 F_w。实际上，在夹紧过程中，V 形块 2 与夹具体存在摩擦力，夹紧力被消耗，当被夹工件数量过多时，有可能导致末件夹紧力不足，或者首件被夹坏的现象。

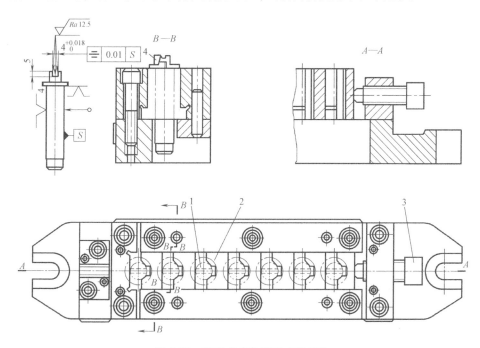

图 3-26　连续式多件联动夹紧机构

1—工件　2—V 形块　3—夹紧螺钉　4—对刀块

3）对向式多件联动夹紧。如图 3-27 所示，两对向压板 1、4 利用球面垫圈 7 及间隙构成了浮动环节。当旋动偏心轮 6 时，迫使压板 4 夹紧右边的工件，与此同时拉杆 5 右移使压板 1 将左边的工件夹紧。这类夹紧机构可以减小原始作用力，但相应增大了对机构夹紧行程的要求。

4）复合式多件联动夹紧。凡将上述多件联动夹紧方式合理组合构成的机构，均称为复合式多件联动夹紧。图 3-28 所示为平行式和对向式组合的复合式多件联动夹紧的实例。

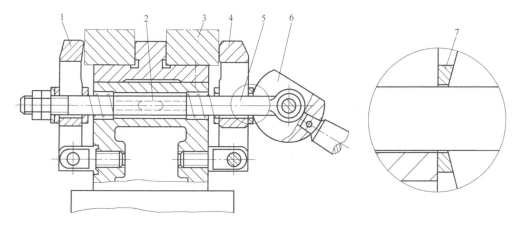

图 3-27　对向式多件联动夹紧机构

1、4—压板　2—键　3—工件　5—拉杆　6—偏心轮　7—球面垫圈

2. 定心夹紧机构

当工件被加工面以中心要素（轴线、中心平面等）为工序基准时，为使基准重合以减少定位误差，就必须采用定心夹紧机构。定心夹紧机构具有定心和夹紧两种功能。

定心夹紧机构按其定心作用原理分为两种类型，一种是依靠传动机构使定心夹紧元件同时做等速移动，从而实现定心夹紧，如螺旋式、杠杆式、楔式机构等；另一种是依靠定心夹紧元件本身做均匀的弹性变形（收缩或胀力），从而实现定心夹紧，如弹簧筒夹、膜片卡盘、波纹套、液性塑料心轴等。下面介绍常用的几种结构。

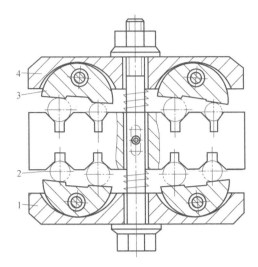

图 3-28　复合式多件联动夹紧机构
1、4—压板　2—工件　3—摆动压块

（1）螺旋式定心夹紧机构　如图 3-29 所示，旋动有左、右螺纹的双向螺杆 6，使滑座 1、5 上的 V 形块钳口 2、4 做对向等速移动，从而实现对工件的定心夹紧；反之，便可松开工件。V 形块钳口可按工件需要更换，定心精度可借助调节杆 3 实现。

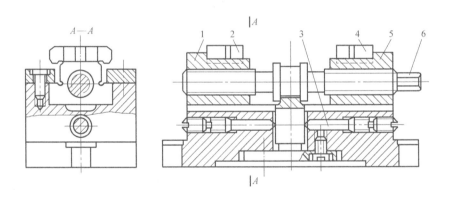

图 3-29　螺旋式定心夹紧机构
1、5—滑座　2、4—V 形块钳口　3—调节杆　6—双向螺杆

这种定心夹紧机构的特点是结构简单、工作行程大、通用性好，主要适用于粗加工或半精加工中需要行程大而定心精度要求不高的工件。

（2）杠杆式定心夹紧机构　图 3-30 所示为车床用的气动定心卡盘，气缸通过拉杆 1 带动滑套 2 向左移动时，三个钩形杠杆 3 同时绕轴销 4 摆动，收拢位于滑槽中的三个夹爪 5 而将工件定心夹紧。夹爪的张开靠拉杆右移时装在滑套 2 上的斜面推动。

（3）楔式定心夹紧机构　图 3-31 所示为机动楔式夹爪自动定心机构。当工件以内孔及左端面在夹具上定位后，气缸通过拉杆 4 使夹爪 1 左移，由于本体 2 上斜面的作用，夹爪左移的同时向外胀开，将工件定心夹紧；反之，夹爪右移时，在弹簧卡圈 3 的作用下使夹爪收拢，将工件松开。

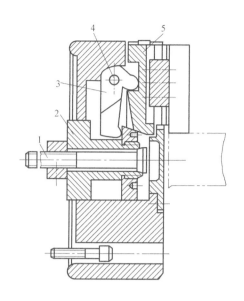

图 3-30 杠杆作用的定心卡盘

1—拉杆 2—滑套 3—钩形
杠杆 4—轴销 5—夹爪

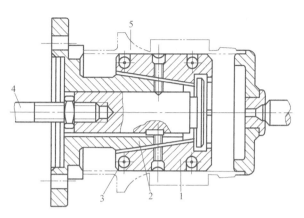

图 3-31 机动楔式夹爪自动定心机构

1—夹爪 2—本体 3—弹簧卡圈 4—拉杆 5—工件

（4）弹簧筒夹式定心夹紧机构 这种定心夹紧机构常用于安装轴套类工件。图 3-32a 所示为用于装夹工件以外圆柱面为定位基面的弹簧夹头。旋转螺母 4 时，锥套 3 内锥面迫使弹簧筒夹 2 上的簧瓣向内收缩，从而将工件定心夹紧。图 3-32b 所示为用于工件以内孔为定位基面的弹簧心轴。因工件的长径比 $L/d \geqslant 1$，故弹簧筒夹 2 的两端各有簧瓣。旋转螺母 4 时，锥套 3 的外锥面向心轴 5 的外锥面靠拢，迫使弹簧筒夹 2 的两端簧瓣向外均匀胀开，从而将工件定心夹紧。反向转动螺母，便可卸下工件。

弹簧筒夹式定心夹紧机构的结构简单，体积小，操作方便迅速，一般适用于精加工或半精加工场合。

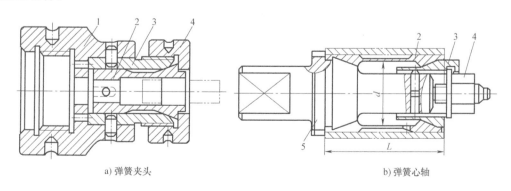

a) 弹簧夹头 b) 弹簧心轴

图 3-32 弹簧夹头和弹簧心轴

1—夹具体 2—弹簧筒夹 3—锥套 4—螺母 5—心轴

（5）膜片卡盘定心夹紧机构 如图 3-33 所示，工件以大端面和外圆为定位基面，在 10 个等高支柱 6 和膜片 2 的 10 个夹爪上定位。首先顺时针旋动螺钉 4 使楔块 5 下移，并推动滑柱 3 右移，迫使膜片 2 产生弹性变形，10 个夹爪同时张开，以放入工件。逆时针旋动螺钉，使膜片的弹性变形恢复，10 个夹爪同时收缩将工件定心夹紧。夹爪上的支承钉 1 可以调节，以适应直径不同的工件。支承钉每次调整后都要用螺母锁紧，并在所用的机床上对 10 个支承钉的工作面进行加工（夹爪在直径方向上应留有 0.4mm 左右的预张量），以保证基准轴线与机床主轴回转轴线的同轴度要求。

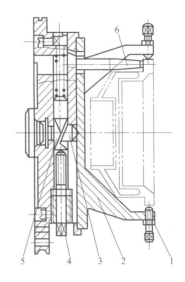

图 3-33   膜片卡盘定心夹紧机构
1—支承钉   2—膜片   3—滑柱
4—螺钉   5—楔块   6—支柱

膜片卡盘定心夹紧机构具有工艺性、通用性好，定心精度高，操作方便迅速等特点，但它的夹紧力较小，常用于滚动轴承零件的磨削或车削加工工序。

（6）波纹套定心夹紧机构   这种定心机构的弹性元件是一个薄壁波纹套。图 3-34 所示为用于加工工件外圆及右端面的波纹套定心心轴。图 3-34a 为松开状态，拧动螺母 1 通过垫圈 3 使波纹套 2 轴向压缩，同时套筒外径因变形而增大，从而使工件得到精确定心夹紧，如图 3-34b 所示。波纹套 2 及支承圈 5 可以更换，以适应孔径不同的工件，扩大心轴的通用性。

波纹套定心机构的结构简单、装夹方便、使用寿命长，在齿轮、套筒类等工件的精加工工序中应用较多。

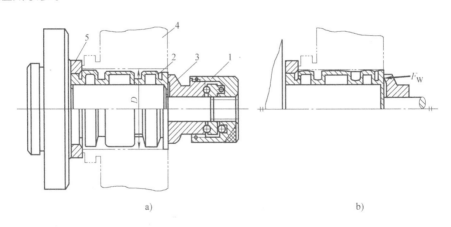

a)   b)

图 3-34   波纹套定心心轴
1—螺母   2—波纹套   3—垫圈   4—工件   5—支承圈

（7）液性塑料定心夹紧机构   图 3-35 所示为液性塑料定心夹紧机构的两种结构，其中图 3-35a 是工件以内孔为定位基面，图 3-35b 是工件以外圆为定位基面，虽然两者的定位基面不同，但其基本结构与工作原理是相同的。起直接夹紧作用的薄壁套筒 2 压配在夹具体 1 上，在所构成的容腔中注满了液性塑料 3。当将工件装到薄壁套筒 2 上之后，旋进加压螺钉 5，通过滑柱 4 使液性塑料流动并将压力传到各个方向上，薄壁套筒的薄壁部分在压力作用下产生径向均匀的弹性变形，从而将工件定心夹紧。图 3-35a 中的限位螺钉 6 用于限制加压螺钉 5 的行程，防止薄壁套筒超负荷而产生塑性变形。

液性塑料定心夹紧机构的定心精度一般为 0.01mm，最高可达 0.005mm。由于薄壁套的弹性变形不能过大，一般径向变形量 $\varepsilon = (0.002 \sim 0.005)D$，$D$ 参见图 3-34，因此，它只适用于定位孔精度较高的精车、磨削和齿轮加工等精加工工序。

薄壁套筒的结构尺寸和材料、热处理等要求，可从相关的夹具手册中查到。

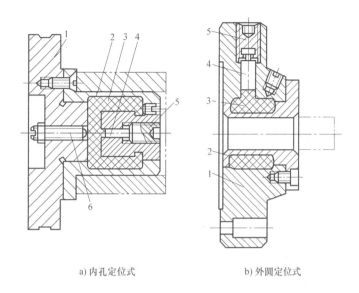

a) 内孔定位式   b) 外圆定位式

图 3-35　液性塑料定心夹紧机构
1—夹具体　2—薄壁套筒　3—液性塑料　4—滑柱　5—螺钉　6—限位螺钉

思考与练习题

1. 夹紧装置通常由哪几部分组成？
2. 简述夹紧装置设计的基本要求。
3. 夹紧力的方向是如何确定的？
4. 如何确定夹紧力的作用点？
5. 减少夹紧变形的方法有哪些？
6. 基本夹紧机构有哪四大类？
7. 联动夹紧机构有哪些类型？
8. 定心夹紧机构有哪些类型？

项目四

夹具体的设计

▶【项目描述】

根据零件的加工要求，设计出定位元件、夹紧装置和夹具体。

▶【技能目标】

能根据所给的零件图，设计出满足零件加工要求的夹具体。

▶【知识目标】

1. 掌握夹具体设计的基本要求。
2. 了解夹具体毛坯的类型。

▶【任务描述】

加工图 4-1 所示工件中的 3×φ11mm 孔，保证图示加工要求，其余表面均已加工，试设计定位元件、夹紧装置和夹具体。

▶【任务分析】

图 4-1 所示为联轴器零件图，要求在工件上加工出 3×φ11mm 孔，现在要根据加工要求设计出定位元件、夹紧装置和夹具体。

▶【相关知识】

1. 夹具体设计的基本要求

项目二和项目三所设计的定位元件和夹紧装置必须要安装在夹具体上才能实现夹具的功能。因此，夹具体的设计就要考虑各种元件和装置的布置及夹具体与机床的连接方式。

在夹具的使用过程中，夹具体要承受工件重力、夹紧力、切削力等力的作用。为了保证工件的加工精度，夹具体的设计应符合以下基本要求：

（1）有足够的精度和尺寸的稳定性　夹具体上的重要表面，如安装定位元件的表面、安装对刀或导向元件的表面以及夹具体的安装基面（与机床相连接的表面）等，要有足够的尺寸和形状精度，它们之间要有足够的位置精度。

夹具体在使用过程中，应该保持尺寸的稳定性。为使夹具体尺寸稳定，铸造夹具体要进行时效处理，焊接夹具体要进行退火处理，以消除内应力，保证夹具体尺寸的稳定。

（2）具有良好的结构工艺性　夹具体应便于制造、装配和检验。铸造夹具体上安装各

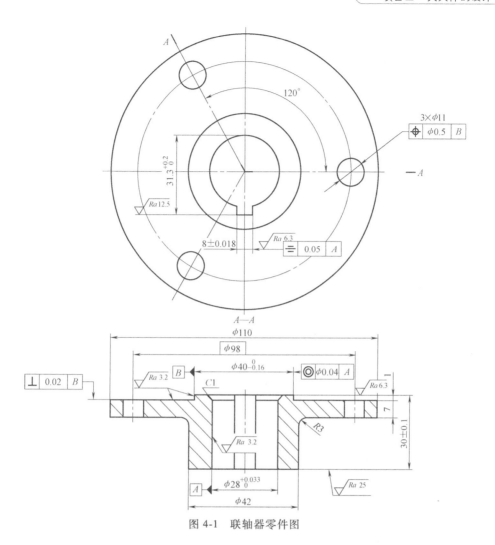

图 4-1 联轴器零件图

种元件的表面应铸出 3~5 mm 高的凸面，以减少加工面积。铸造夹具体壁厚要均匀，转角外应有 R3~R5mm 的圆角。夹具体结构形式应便于工件的装卸，如图 4-2 所示，分为开式结构（图 4-2a）、半开式结构（图 4-2b）和框架式结构（图 4-2c）等。

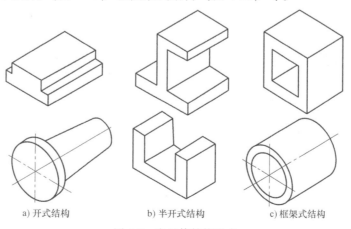

a) 开式结构   b) 半开式结构   c) 框架式结构

图 4-2 夹具体结构形式

需要机械加工的各表面要有良好的工艺性。图 4-3a 所示为焊接件局部结构的正误对比；图 4-3b 所示为局部加工工艺性正误对比；图 4-3c 所示为铸造夹具体的正误对比。

（3）有足够的强度和刚度　在加工过程中，夹具体要承受较大的切削力和夹紧力。为保证夹具体不产生变形和振动，夹具体应有足够的强度和刚度。因此夹具体需有一定的壁厚，铸造和焊接夹具体常设置加强肋，或在不影响工件装卸的情况下采用框架式夹具体。

（4）要有适当的容屑空间和良好的排屑性能　切削时若产生切屑不多，则夹具可加大定位元件工作表面与夹具之间的距离或增设容屑沟槽（图 4-4），以增加容屑空间；加工时若产生大量切屑，夹具上可设置排屑缺口或斜面。

图 4-5a 所示为在夹具体上开排屑槽；图 4-5b 所示为在夹具体下部设置排屑斜面，斜角可取 30°～50°。

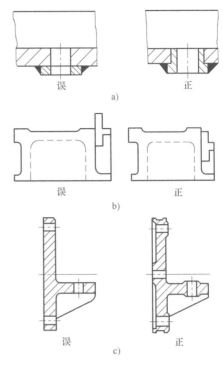

图 4-3　夹具体的结构工艺性对比

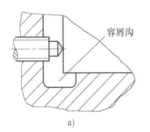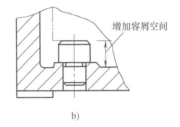

图 4-4　容屑空间

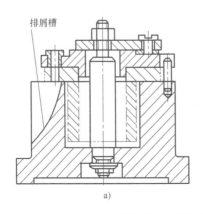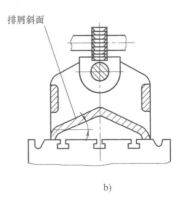

图 4-5　夹具体上设置排屑结构

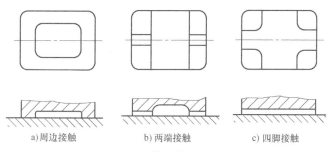

a)周边接触　　　　　　b)两端接触　　　　　　c)四脚接触

图 4-6　夹具体安装基面的形式

（5）在机床上安装稳定可靠　夹具在机床上的安装都是通过夹具体上的安装基面与机床上相应表面的接触或配合实现的。当夹具在机床工作台上安装时，夹具的重心应尽量低；夹具底面四边应凸出，使夹具体的安装基面与机床的工作台面接触良好。夹具体安装基面的形式如图 4-6 所示。图 4-6a 所示为周边接触，图 4-5b 所示为两端接触，图 4-5c 所示为四个支脚接触。接触边或支脚的宽度应大于机床工作台梯形槽的宽度，应一次加工出来，并保证一定的平面度精度；当夹具在机床主轴上安装时，夹具安装基面与主轴相应表面应有较高的配合精度，并保证夹具体安装稳定可靠。

（6）要有较好的外观　夹具体外观造型要新颖，机械加工过的夹具体表面需要进行发蓝处理，铸件未加工部位必须清理，并涂油漆，以防止在使用过程中生锈而影响夹具的使用。

（7）便于管理　在夹具体适当部位用钢印打出夹具编号，以便于夹具的管理。

2. 夹具体毛坯的类型

（1）铸造夹具体　如图 4-7a 所示，铸造夹具体的优点是工艺性好，可铸出各种复杂形状，具有较好的抗压强度、刚度和抗振性，但生产周期长，需进行时效处理，以消除内应力。

铸造夹具体常用材料为灰铸铁（如 HT200），要求强度高时用铸钢（如 ZG270-500），要求质量轻时用铸铝（如 ZL104），目前铸造夹具体应用较多。图 4-8 所示为角铁式钻模夹具体设计示例，图 4-9 所示为角铁式车床夹具体设计示例，它们的特点是夹具体的基面 A 和夹具体的装配面 B 相垂直。由于车床夹具体为旋转型，故还设置了校正圆 C，以确定夹具旋转轴线的位置。设计铸造夹具体时需注意合理选择壁厚、肋、铸造圆角及凸台等。

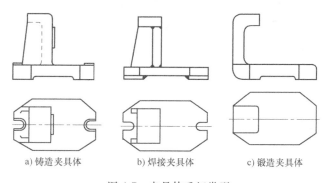

a)铸造夹具体　　　　　b)焊接夹具体　　　　　c)锻造夹具体

图 4-7　夹具体毛坯类型

（2）焊接夹具体　如图 4-7b 所示，它由型材焊接而成，这种夹具体制造方便、生产周期短、成本低、质量轻（壁厚比铸造夹具体薄）。但焊接夹具体的热应力较大，易变形，需经退火处理，以保证夹具体尺寸的稳定性。

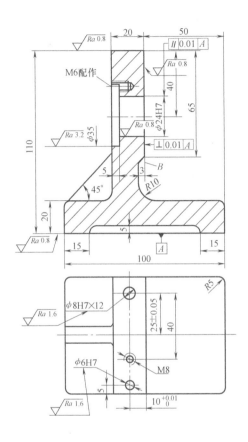

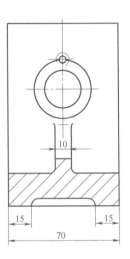

图 4-8　钻模角铁式夹具体

（3）锻造夹具体　如图 4-7c 所示，它适用于形状简单、尺寸不大、要求强度和刚度大的场合。这类夹具体常用优质碳素结构钢 45 钢和合金结构钢 40Cr、38CrMoAlA 等经锻造后采用调质、正火或回火制成，此类夹具体应用较少。

（4）装配夹具体　如图 4-10 所示，它由标准的毛坯件、零件及个别非标准件通过螺钉、销钉连接、组装而成，标准件由专业厂生产。此类夹具体具有制造成本低、周期短、精度稳定等优点，有利于夹具标准化、系列化，也便于夹具的计算机辅助设计。

▶【任务实施】

通过分析图 4-1 所示的联轴器的零件，设计出联轴器孔的钻床夹具，如图 4-11 所示。

定位元件设计成定位心轴 7，下端带螺纹的部分和夹具体 1 相连接，上端和待加工零件联轴器的孔相配合，起定位作用。

夹紧装置为双头螺柱 4、快换垫圈 5 和夹紧螺母 3，双头螺柱 4 的下端和定位心轴 7 通过螺纹连接，快换垫圈 5 装在工件上方，用夹紧螺母 3 将工件夹紧。

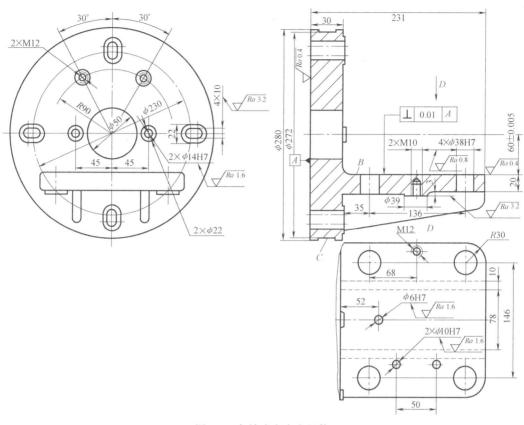

图 4-9 角铁式车床夹具体

A—夹具体基面 B—装配面 C—校正面

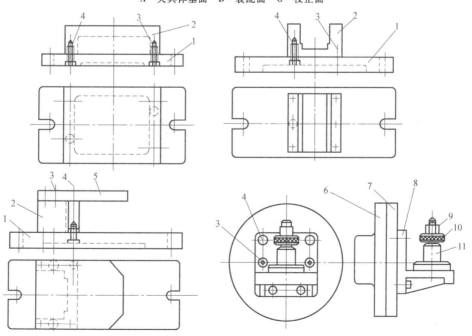

图 4-10 装配夹具体

1—底座 2—支承 3—销钉 4—螺钉 5—钻模板 6—过渡盘 7—花盘 8—角铁 9—螺母 10—开口垫圈 11—定位心轴

　　夹具体 1 设计成圆盘形状，中间有螺孔，定位心轴 7 安装在夹具体 1 上，夹具体 1 和钻床的工作台通过 T 形螺栓连接。

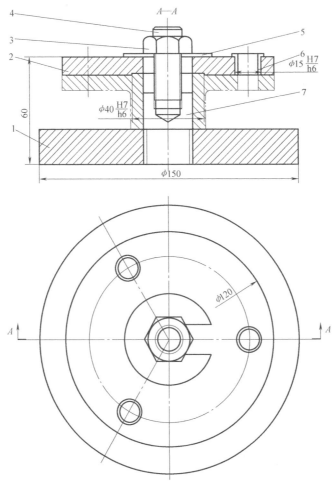

图 4-11　加工联轴器孔的钻床夹具装配图

1—夹具体　2—钻模板　3—夹紧螺母　4—双头螺柱　5—快换垫圈　6—钻套　7—定位心轴

思考与练习题

1. 简述夹具体设计的基本要求。
2. 夹具体毛坯的类型有哪些？
3. 铸造夹具体有何优缺点？
4. 采用何种方法消除焊接夹具体内应力？

专用夹具的设计

能根据所给工件的工序图，对专用夹具进行总体设计。

▶【技能目标】

能对工件的工序图进行分析，设计出满足加工要求的专用夹具。

▶【知识目标】

1. 掌握专用夹具的设计步骤。
2. 理解专用夹具设计的基本要求。

任务一　夹具设计的基本要求和步骤

▶【任务描述】

如图 5-1 所示的杠杆零件，本工序需钻、铰 ϕ10H9 孔和钻 ϕ11mm 孔，工件材料为 HT200，毛坯为铸件，大批量生产，试对夹具进行总体设计。

▶【任务分析】

加工要求：

1）ϕ10H9 孔和 ϕ28H7 孔的中心距为（80±0.20）mm。

2）ϕ10H9 孔轴线和 ϕ28H7 孔轴线平行度公差为 0.30mm。

3）ϕ11mm 孔对 ϕ28H7 孔的中心距为（15±0.25）mm。

本任务设计杠杆零件钻、铰 ϕ10H9 孔和钻 ϕ11mm 孔的钻床夹具。

▶【相关知识】

1. 对专用夹具的基本要求

夹具设计时，应满足以下要求：

（1）夹具应能稳定地保证工件的加工精度　设计的专用夹具应有合理的定位方案和夹紧装置，并进行必要的精度分析，确保夹具能满足工件的加工精度要求。

（2）夹具设计应以提高生产效率、降低成本为目标　设计的夹具应尽量采用各种快速、

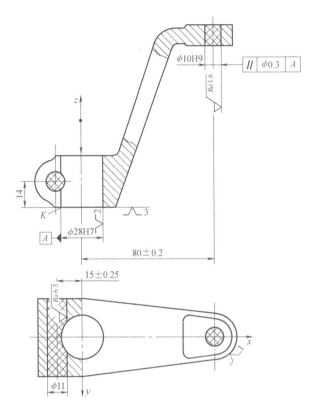

图 5-1 杠杆零件孔加工工序简图

高效的夹紧机构，保证夹具在使用过程中操作方便以缩短辅助时间来提高生产效率。

（3）设计的夹具应具有良好的结构工艺性 专用夹具的制造属于单件生产，夹具的结构应简单、合理，便于加工、装配、检验和维修。

（4）设计的夹具使用性能要好 专用夹具的操作应简便、省力、安全可靠。尽可能采用液压、气动等夹紧装置，以减轻操作者的劳动强度。

（5）夹具设计应考虑经济性 夹具设计要尽量选用标准化元件，以缩短夹具的制造周期，降低夹具成本。设计时还要考虑本单位现有的夹紧动力装置、吊装能力和安装场地等方面的因素，以降低夹具的制造成本。

以上要求有时是相互矛盾的，故应在全面考虑的基础上，处理好主要矛盾，使之达到较好的效果。

2. 夹具设计的方法

夹具设计主要是绘制所需的图样，同时制订有关的技术要求。夹具设计是一种相互关联的工作，它涉及的知识面很广。通常，设计者在参阅有关典型夹具图样的基础上，按加工要求构思出设计方案，再经修改，最后确定夹具的结构。其设计方法可用图 5-2 表示。

3. 专用夹具的设计步骤

（1）明确设计任务与收集设计资料

1）根据设计任务书，明确本工序的加工技术要求，熟悉工艺规程、零件图、毛坯图和有关的装配图。

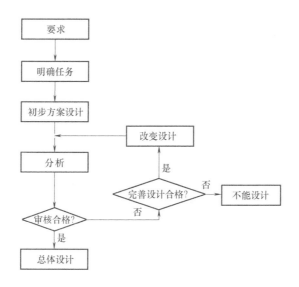

图 5-2 夹具的设计方法

2）分析零件的加工工艺规程，特别是本工序半成品的形状、尺寸、加工余量、切削用量和所使用的工艺基准特别是定位基准。

3）分析工艺装备设计任务书，对任务书所提出的要求进行可行性研究，以便发现问题，及时与工艺人员进行协商。

表 5-1 为一种工艺装备设计任务书，其中规定了加工工序、使用机床、装夹件数、定位基准、工艺公差和加工部位等。任务书对工艺要求也作了具体说明，并用简图表示工件的装夹部位和形式。

表 5-1 工艺装备设计任务书

产品件号		装夹件数	
工具号		合用件号	
工具名称		参考形式	
加工工序		制造套数	
使用机床		完工日期	
定位基面及工艺公差：			加工部位：
工艺要求及示意图：			

工艺员	产品工艺员	工艺组长	
年 月 日	年 月 日	年 月 日	年 月 日

4）了解所使用机床的规格、性能、当时的加工精度以及与夹具连接部分结构的联系尺寸。

5）了解所使用刀具、量具的规格。

6）了解零件的生产纲领以及生产组织等有关问题。

7）收集有关设计资料，其中包括国家标准、部颁标准、企业标准等资料以及典型夹具的资料。

8）熟悉本厂工具车间（承担夹具制造的车间）的制造工艺水平。

（2）方案设计　这是夹具设计的重要阶段。在分析各种原始资料的基础上，应完成下列设计工作。

1）工件的定位方案设计。根据六点定位原则确定工件的定位方式，选择合适的定位元件。

2）确定工件的夹紧方案，设计合适的夹紧装置。

3）确定对刀或导向方案，设计对刀或导向装置。

4）确定夹具与机床的连接方式，设计连接元件及安装基面。

5）确定和设计其他装置及元件的结构形式，如分度装置、预定位装置及吊装元件等。

6）确定夹具总体布局和夹具体的结构形式，并处理好定位元件在夹具体上的位置。

7）绘制夹具方案设计图，并标注尺寸、公差及技术要求。

8）进行必要的分析计算。工件的加工精度较高时，应进行工件加工精度分析；有动力装置的夹具，需计算夹紧力。当有几种夹具方案时，可进行经济分析，选用经济效益较高的方案。

（3）夹具总装配图设计　夹具总装配图应按国家标准绘制，绘制时还应注意以下事项：

1）尽量选用1∶1的比例，以使所绘制的夹具具有良好的直观性。

2）尽可能选择面对操作者的方向作为主视图，同样应符合视图最少原则。

3）总装配图应把夹具的工作原理、结构和各种元件间的装配关系表达清楚。

4）用双点画线绘制工件外形轮廓、定位基准面、夹紧表面和加工表面。

5）合理标注尺寸、公差和技术要求。

6）合理选择材料。

（4）总装配图的绘制步骤

1）用双点画线将工件的外形轮廓、定位基面、夹紧表面及加工表面绘制在各个视图的合适位置上。在总图中，工件可看作透明体，不遮挡后面夹具上的线条。

2）绘制定位元件的详细结构。

3）绘制对刀导向元件。

4）绘制夹紧装置。

5）绘制其他元件或装置。

6）绘制夹具体。

7）标注视图符号、尺寸、技术要求。

8）编制夹具明细栏及标题栏。

9）绘制夹具零件图。

夹具中的非标准零件均要画零件图，并按夹具总图的要求，确定零件的尺寸、公差及技术要求。

▶【任务实施】

1. 明确设计任务、收集分析原始资料

（1）分析加工工件的零件图　杠杆零件如图5-3所示，应先对其进行分析。

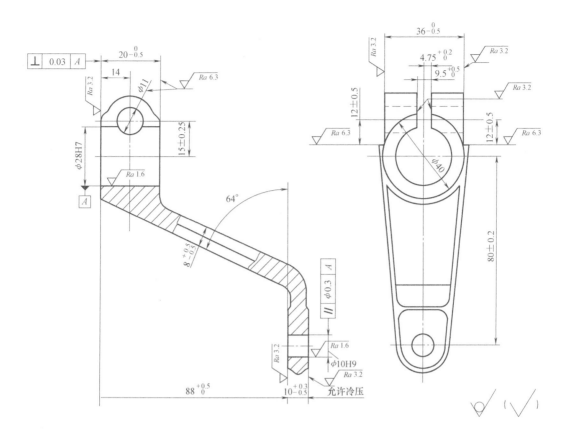

图 5-3 杠杆零件图

（2）分析原始资料

1）工件毛坯为铸件。

2）工件的轮廓尺寸较小，质量轻，结构较复杂。夹紧力应确定得合理，以防止工件变形。

3）本工序前已加工的表面有两个：

① ϕ28H7 孔及两端面。其中 K 面（图 5-1）与 ϕ28H7 孔是在一次安装中完成加工的，因而 K 面与 ϕ28H7 孔轴线垂直度误差应比 0.03mm 要小，可以保证垂直度公差要求。由图 5-1 所示的杠杆零件孔加工工序简图可知，该孔及其端面 K 为本工序的定位基准。

② ϕ10H9 孔的两端面也已加工，其位置尺寸为 $88^{+0.5}_{0}$mm 和 $10^{+0.3}_{-0.5}$mm；ϕ10H9 孔的两端面与 ϕ28H7 孔轴线的垂直度公差属"未注公差"范畴，所以其加工精度不高。

4）本工序所使用的机床为 Z5125 立式钻床，刀具为通用标准刀具。

由设计任务书及图 5-1 可知，工件加工要求较低，为 9 级精度。应在保证工件加工精度和适当提高生产率的前提下，尽可能地简化夹具结构，以缩短夹具设计与制造周期，降低设计与制造成本，获得良好的经济效益。

2. 确定夹具结构方案。

（1）根据六点定位原则确定工件的定位方式　由工序简图可知，该工序应限制工件的六个自由度。如图 5-1 所示，以 $\phi28H7$ 孔及端面 K 定位，限制工件的五个自由度（$\vec{x}$、$\vec{y}$、$\vec{z}$、$\hat{x}$、$\hat{y}$），再加上以 $\phi10H9$ 孔外缘定位，又限制工件的 $\hat{z}$ 转动自由度，所以限制了工件的六个自由度，为完全定位。图 5-4a 所示为杠杆零件钻孔定位夹紧方案为增加刚性，在 $\phi10H9$ 孔的端面，增设一个辅助支承。

（2）选择定位元件，设计定位装置　根据已确定的定位基面结构形状，确定定位元件的类型和结构尺寸。

1）选择定位元件。选用带台阶面的定位销，作为以 $\phi28H7$ 孔及端面 K 定位的定位元件。对于以 $\phi10H9$ 孔外缘定位，可采用支承钉作为定位元件。

支承钉与工件外缘接触，限制了 $\hat{z}$ 转动自由度。用这种定位元件定位时，$\phi10H9$ 孔加工后与毛坯外缘的对称性将受毛坯精度的影响。因此采用螺旋式可调支承，以便根据每批毛坯的精度进行调整。

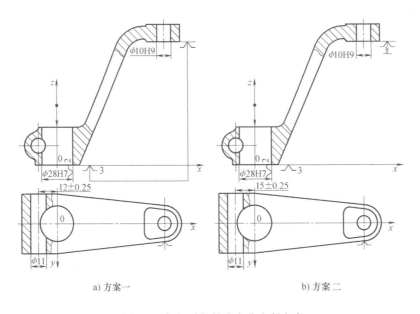

a) 方案一　　　　　　　　　　　　　b) 方案二

图 5-4　杠杆零件钻孔定位夹紧方案

2）确定定位元件尺寸及配合公差。定位圆柱的尺寸与公差，按定位孔的配合参考夹具设计资料选为 $\phi28\dfrac{H7}{g6}$，即 $\phi28g6=\phi28_{-0.020}^{-0.007}\text{mm}$。

（3）分析计算定位误差　这里主要是计算本工序要保证的位置精度的定位误差，以判别所设计的定位方案能否满足加工要求。

1）加工 $\phi10H9$ 孔至 $\phi28H7$ 轴线距离尺寸（80 ± 0.2）mm 的定位误差。由图 5-4b 可知，定位基准与设计基准重合，所以 $\Delta_B=0$。

$$\Delta_Y = X_{\max} = 0.021\text{mm} - (-0.020)\text{mm} = 0.041\text{mm}$$

因而

$$\Delta_D = \Delta_B + \Delta_Y = 0\text{mm} + 0.041\text{mm} = 0.041\text{mm}$$

定位误差的允许值 $\Delta_{D_允}$

$$\Delta_{D_允}=\frac{1}{3}T_G=\frac{1}{3}\times 0.4\mathrm{mm}\approx 0.133\mathrm{mm}$$

由于 $\Delta_D=0.041\mathrm{mm}<\Delta_{D_允}=0.133\mathrm{mm}$，因而此定位方案能满足尺寸（80±0.2）mm 的加工要求。

2）ϕ10H9 孔轴线与 ϕ28H7 孔轴线平行度公差 ϕ0.3mm 的定位误差。同理 $\Delta_D=\Delta_Y+\Delta_B$。尽管加工 ϕ10H9 孔时的定位基准是 ϕ28H7 孔，基准重合，但由于用短圆柱销定位，没有限制对此平行度公差影响的 $\overset{\frown}{y}$ 自由度（$\overset{\frown}{y}$ 自由度是由台阶端面限制的）。因此 $\Delta_B=0.03\mathrm{mm}$。Δ_Y 是定位圆柱销与台阶端面的垂直度公差。由于这两个内孔表面是在一次装夹中加工的，其误差很小，可忽略不计，故 $\Delta_Y=0$。这样，此项定位误差 $\Delta_D=\Delta_B+\Delta_Y=0.03\mathrm{mm}$。

定位误差的允许值 $\Delta_{D_允}$

$$\Delta_{D_允}=\frac{1}{3}T_G=\frac{1}{3}\times 0.3\mathrm{mm}=0.1\mathrm{mm}$$

由于 $\Delta_D=0.03\mathrm{mm}<\Delta_{D_允}=0.1\mathrm{mm}$，因而该定位方案也能满足两孔轴线平行度公差为 0.3mm 的加工要求。

3）加工 ϕ11mm 孔，要求保证其轴线与 ϕ28H7 孔轴线距离尺寸精度（15±0.25）mm 的定位误差。

同上计算：$\Delta_D=\Delta_Y+\Delta_B$，$\Delta_B=0$。而 Δ_Y 值与加工 ϕ10H9 孔相同，只是方向沿加工尺寸 15mm 方向。因此，$\Delta_Y=0.041\mathrm{mm}$，$\Delta_D=\Delta_Y=0.041\mathrm{mm}$。定位误差允许值 $\Delta_{D_允}$ 为

$$\Delta_{D_允}=\frac{1}{3}T_G=\frac{1}{3}\times 0.5\mathrm{mm}=0.167\mathrm{mm}$$

由于 $\Delta_D=0.041\mathrm{mm}<\Delta_{D_允}0.167\mathrm{mm}$，因而该定位方案能满足尺寸（15±0.25）mm 的加工要求。

由以上分析与计算可知，该定位方案是可行的。

（4）确定工件的夹紧装置

1）确定夹具类型。由图 5-1 可知，本工序所加工的两孔位于互成 90°角的平面内，由于孔径不大，工件质量轻，轮廓尺寸小及生产批量不大等原因，采用翻转式钻模。

2）确定夹紧方式。参考已有类似夹具资料，初步选 M12 螺杆，在 ϕ28H7 孔的上端面夹紧工件（图 5-4）。这样在加工 ϕ10H9 孔时，钻削力方向与夹紧力方向一致，可减小夹紧力，同时，夹紧力方向指向主定位面，使定位可靠。钻削力还可通过辅助支承由夹具来承受，也有助于减小所需的夹紧力。在加工 ϕ11mm 孔时，钻削轴向力 F_x 有使工件转动的趋势，因而仅采用 ϕ28H7 孔上方一处夹紧，能否满足要求，有待进一步分析。为使夹具结构简单，操作方便，暂以此夹紧方式作为初步设计方案，待进行夹紧力核算后，再确定此方案是否可行。

3）夹紧机构。由于生产批量不大，加工精度要求较低，此夹具的夹紧结构，不宜太复杂，所以可采用螺旋式夹紧方式。螺栓直径暂采用 M12。为操作方便，缩短装卸工件的时间，采用开口垫圈。

（5）确定引导元件　确定引导元件主要是确定钻套的结构类型和主要尺寸。

1）对 $\phi10H9$ 孔，为适应钻、铰选用快换钻套。

2）对 $\phi11mm$ 孔，钻套类型本应选用固定式钻套，但为维修方便，也可采用可换钻套。

各引导元件至定位元件间的位置尺寸，按有关夹具设计资料确定，分别取为（15±0.03）mm 和（80±0.05）mm，各钻套轴线对基面的垂直度公差为 0.02mm。

（6）确定其他结构　为便于排屑，辅助支承采用螺旋套筒式。为便于夹具制造、调试与维修，钻模板与夹具的连接采用装配式。夹具体采用开式，使加工、观察、清理切屑均较方便。

3. 绘制结构草图

按前面介绍的绘制结构草图的方法，在完成了夹具各部分结构设计后，便可绘制出夹具结构草图。

4. 夹具精度分析

由图 5-1 所示的工序简图可知，所设计的夹具需保证的定位尺寸加工要求有：尺寸（15±0.25）mm，尺寸（80±0.2）mm，尺寸 14 mm 及 $\phi10H9$ 孔和 $\phi28H7$ 孔轴线间平行度公差 0.3mm 共 4 项。尺寸 14mm 属"未注公差"，且加工 $\phi11mm$ 孔时，基准重合，定位误差为零，不必进行验算外，其余各项精度要求均需验算（验算过程略）。

5. 绘制夹具总装图

根据已绘制的夹具结构草图，经检查、修改、审核后，按夹具总装图绘制的方法程序，绘制正式的钻夹具总装图，如图 5-5 所示。

6. 确定夹具技术要求和有关尺寸、公差配合

夹具技术要求和有关尺寸、公差配合是根据教材和有关资料、手册规定的原则和方法确定的，本夹具的技术要求和公差配合如下：

（1）技术要求

1）定位销 2 的轴线与夹具底面的垂直度公差为 0.03mm。

2）快换钻套 14 的轴线与夹具底面的垂直度公差为 0.05mm。

3）钻套 10 的轴线与夹具底面的平行度公差为 0.02mm。

4）$A-A$ 剖视图中的右侧面与夹具底面的垂直度公差为 0.02mm。

（2）公差配合

1）$\phi10H9$ 孔钻套、衬套、钻模板上内孔之间的配合公差带分别为：

$$\phi26\frac{H7}{n6}（衬套—钻模板）\qquad \phi18\frac{H7}{g6}（钻套—衬套）$$

2）$\phi11mm$ 孔钻套、衬套、钻模板上内孔之间的配合公差带分别为：

$$\phi26\frac{H7}{n6}（衬套—钻模板）\qquad \phi18\frac{H7}{g6}（钻套—衬套）$$

3）其余部位的公差配合带及精度如图 5-5 所示。

7. 绘制夹具零件图

夹具总图绘制完后，应绘出夹具中的所有非标准零件。绘制夹具中的非标准零件图时，应考虑到绘制零件图时应注意的问题。绘出零件图后，对结构、形状复杂的零件，要着重对其结构工艺性进行分析：分析在现有条件下，能否将这些零件方便地制造出来，是否经济；其次还要检查零件图的尺寸标注，尤其是相互位置精度与表面粗糙度的标注。

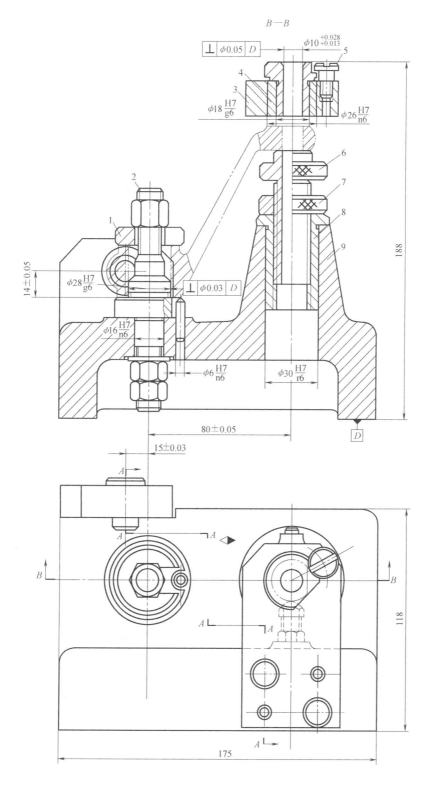

图 5-5　钻床夹具总装图

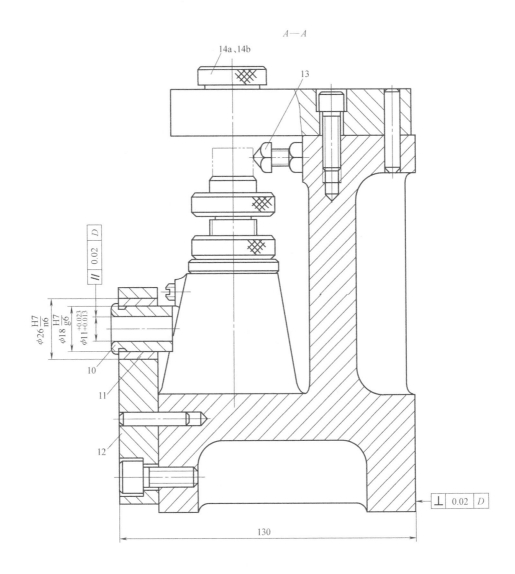

图 5-5　钻床夹具总装图（续）

1—开口垫圈　2—定位销　3、12—钻模板　4、11—衬套　5—钻套螺钉　6—辅助支承
7—锁紧螺母　8—支承套　9—夹具体　10—钻套　13—可调支承　14—快换钻套

任务二　夹具总体结构设计及尺寸标注

▶【任务描述】

图 5-6 所示为 CA6140 型车床上的接头零件图，该零件系成批生产，材料为 45 钢，毛坯采用模锻件，现要求设计加工该零件上尺寸为 28H11 的槽口时所使用的夹具。

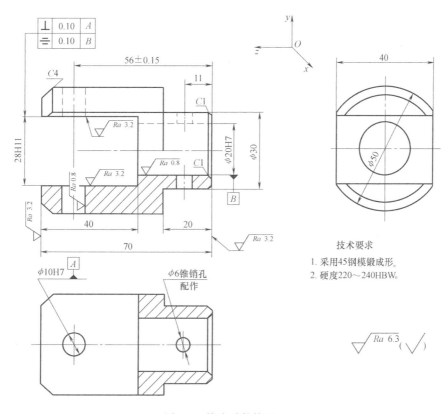

图 5-6 接头零件简图

【任务分析】

图 5-6 所示为接头零件简图，现在要求设计加工该零件上尺寸为 28H11 的槽口时所使用的夹具。

（1）槽口两侧面的要求

尺寸精度：保持宽度 28H11，深度 40mm。

几何公差：两侧面中心线相对于孔 ϕ20H7 的轴线对称，公差为 0.1mm；两侧面中心线相对于孔 ϕ10H7 轴线垂直，公差也为 0.1mm。

表面质量：两侧面和底面的表面粗糙度值均为 Ra6.3mm。

（2）零件的加工工艺过程安排 在加工两内侧面之前，除孔 ϕ10H7 尚未进行加工之外，其余各面均已加工达到图样要求。

（3）刀具和机床 采用三面刃铣刀在卧式铣床上加工两内侧面。

（4）夹具形式 夹具可采用固定式的铣床夹具。

【相关知识】

通过学习项目二～项目四，大家基本掌握了机床夹具的定位元件、夹紧装置和夹具体的设计，这三个基本部分设计完后，夹具的总体设计就基本完成了，最后在夹具总图上标注相关的尺寸。

1. 夹具总图上尺寸、公差和技术要求的标注

（1）夹具总图上应标注的尺寸和公差

1）最大轮廓尺寸（S_L）。若夹具上有活动部分，则应用双点画线画出最大活动范围，或标出活动部分的尺寸范围。图5-7所示的最大轮廓尺寸（S_L）为84mm、ϕ70mm和60mm。在图5-8所示的车床夹具中，（S_L）标注为 D 及 H。

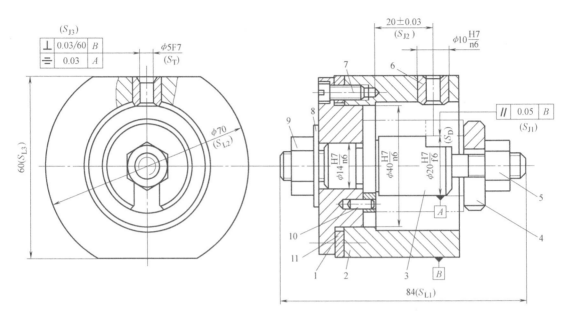

图 5-7　钻模

1—盘　2—套　3—定位心轴　4—开口垫圈　5—夹紧螺母　6—固定钻套

7—螺钉　8—垫圈　9—锁紧螺母　10—防转销　11—调整垫圈

2）影响定位精度的尺寸和公差（S_D）。它们主要指工件与定位元件及定位元件之间的尺寸、公差，如图5-7中标注的定位基面与限位基面的配合尺寸 ϕ20H7/f6；图5-8中标注为圆柱销及菱形销的尺寸 d_1、d_2 及销间距 $L \pm T_L$。

3）影响对刀精度的尺寸和公差（S_T）。它们主要指刀具与对刀或导向元件之间的尺寸、公差，如图5-7中标注的钻套导向孔的尺寸 ϕ5F7。

4）影响夹具在机床上安装精度的尺寸和公差（S_A）。它们主要指夹具安装基面与机床相应配合表面之间的尺寸、公差，如图5-8中标注的工件安装基面与车床主轴的配合尺寸 D_1H7 及找正孔 K 相对车床主轴的同轴度 ϕt_2。在图5-7中，钻模的安装基面是平面，可不必标注。

5）影响夹具精度的尺寸和公差（S_J）。它们主要指定位元件、对刀或导向元件、分度装置及安装基面相互之间的尺寸公差和位置公差，如图5-7中标注的钻套轴线与限位基面间的尺寸（20±0.03）mm、钻套轴线相对于定位心轴轴线的对称度公差0.03mm、钻套轴线相

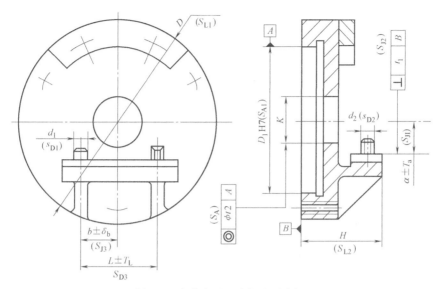

图 5-8　车床夹具尺寸标注示意图

对于安装基面 B 的垂直度公差 0.03/60、定位心轴轴线相对于安装基面 B 的平行度公差 0.05mm；又如图 5-8 中标注的限位平面到安装基准的距离 $a\pm T_a$、限位平面相对安装基面 B 的垂直度公差 t_1。

6）其他重要尺寸和公差。一般为机械设计中应标注的尺寸、公差，如图 5-7 中标注的配合尺寸 $\phi14\dfrac{H7}{n6}$、$\phi40\dfrac{H7}{n6}$、$\phi10\dfrac{H7}{n6}$。

（2）夹具总图上应标注的技术要求　夹具总图上无法用符号标注而又必须说明的问题，可作为技术要求用文字写在总图上。主要内容有：夹具的装配、调整方法，如：几个支承钉应装配后修磨达到等高、装配时调整某元件或"临床修磨"某元件的定位表面以保证夹具精度等；某些零件的重要表面应一起加工，如一起镗孔、一起磨削等；工艺孔的设置和检测；夹具使用时的操作顺序；夹具表面的装饰要求等。如图 5-7 中标注：装配时修磨调整垫圈 11，保证尺寸（20±0.03）mm。

（3）夹具总图上公差值的确定　夹具总图上标注公差值的原则是：在满足工件加工要求的前提下，尽量降低夹具的制造精度。

1）直接影响工件加工精度的夹具公差 T_J。

夹具总图上标注的第 2~5 类尺寸的尺寸公差和位置公差均直接影响工件的加工精度。取夹具总图上的尺寸公差或位置公差为

$$T_J=(1/2\sim1/5)T_K$$

式中，T_K 为与 T_J 相应的工件尺寸公差或位置公差。

当工件批量大、加工精度低时，T_J 取小值，因为这样可延长夹具的使用寿命，又不增加夹具制造的难度；反之取大值。

如图 5-7 中的尺寸公差、位置公差均取相应工件公差的 1/3 左右。

对于直接影响工件加工精度的配合尺寸，在确定了配合性质后，应尽量选用优先配合，如图 5-7 中的 $\phi20\dfrac{H7}{f6}$。

工件的加工尺寸为未注公差时，工件公差 T_K 视为 IT12~IT14，夹具上相应的尺寸公差按 IT9~IT11 标注；工件上的位置要求为未注公差时，工件位置公差 T_K 视为 IT9~IT11 级，夹具上相应的位置公差按 IT7~IT9 标注；工件上加工角度为未注公差时，工件公差 T_K 视为 $\pm30'\sim\pm10'$，夹具上相应的角度公差标为 $\pm10'\sim\pm3'$（相应边长为 10~400 mm，且边长短时取大值）。

2）夹具上其他重要尺寸的公差与配合。这类尺寸的公差与配合的标注对工件的加工精度有间接影响。在确定配合性质时，应考虑减小其影响，其公差等级可参照相关的夹具手册或《机械设计手册》标注。例如图 5-7 中的 $\phi10\dfrac{H7}{n6}$、$\phi14\dfrac{H7}{n6}$、$\phi40\dfrac{H7}{n6}$。

2. 夹具的制造及工艺性

（1）夹具的制造特点　夹具通常是单件生产，且制造周期很短。为了保证工件的加工要求，很多夹具要有较高的制造精度。企业的工具车间有多种加工设备，例如加工孔系的坐标镗床，加工复杂型面的万能铣床、精密车床和各种磨床等，都具有较好的加工性能和加工精度。夹具制造中，除了生产方式与一般产品不同外，在应用互换性原则方面也有一定的限制，以保证夹具的制造精度。

（2）保证夹具制造精度的方法　对于与工件加工尺寸直接有关的且精度较高的部位，在夹具制造时常用调整法和修配法来保证夹具的精度。

1）修配法的应用。对于需要采用修配法的零件，可在其图样上注明"装配时精加工"或"装配时与××件配作"字样等。如图 5-9 所示，支承板和支承钉装配后，与夹具体共同成为加工定位面，以保证定位面对夹具体 A 面的平行度公差。

图 5-10 所示为一钻床夹具保证钻套孔距尺寸（10+0.02）mm 的方法。在夹具体 2 和钻模板 1 的图样上注明"配作"字样，其中钻模板上的孔可先加工至留 1mm 余量的尺寸，待测量出正确的孔距尺寸后，即可与夹具体合并加工出销孔 B。显然，原图上的 A_1、A_2 尺寸已被修正。

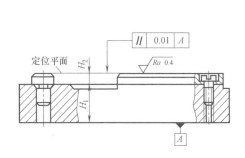

图 5-9　支承板和支承钉保证位置精度的方法

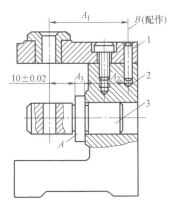

图 5-10　钻模的修配法
1—钻模板　2—夹具体　3—定位轴

车床夹具的误差 Δ_A 较大，对于同轴度精度要求较高的加工，即可在所使用的机床加工出定位面来。如车床夹具的测量工艺孔和校正圆的加工，可通过过渡盘和所使用的车床连接后直接加工出来，从而使该两个加工面的中心线和车床主轴中心重合，获得较精确的位置精度。

镗床夹具也常采用修配法，例如将镗套的内孔与所使用的镗杆的实际尺寸装配间隙修磨在 0.008~0.01mm 内，即可使镗模具有较高的导向精度。

2）调整法的应用。调整法与修配法相似，在夹具上通常可设置调整垫圈、调整垫板、调整套等元件来控制装配尺寸。这种方法较简易，调整件选择得当即可补偿其他元件的误差，以提高夹具的制造精度。

如将图 5-10 所示的钻模改为调整结构，则只要增设一个支承板（图 5-11），待钻模板装配后再按测量尺寸修正支承板的尺寸 A 即可。

【任务实施】

1. 定位基准的选择及方案设计

根据零件的加工要求，应满足两侧面中心线与孔 ϕ20H7 轴线的对称度公差为 0.10mm 的要求，为避免基准不重合产生的误差，应符合基准重合原则，所以选择 ϕ20H7 轴线为定位基准，限制 $\vec{x}$、$\vec{y}$、$\hat{x}$、$\hat{y}$。

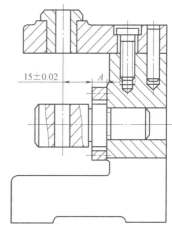

为了保证尺寸 40mm，应限制自由度 $\vec{z}$。

需要加工的两内侧面应与已加工过的两外侧面互成 90° 角，因此工件定位时还必须考虑限制绕孔 ϕ20H7 轴线的旋转自由度 $\hat{z}$。

图 5-11　钻模的调整法

因此需要限制工件的六个自由度 $\vec{x}$、$\hat{x}$、$\vec{y}$、$\hat{y}$、$\vec{z}$、$\hat{z}$，使工件得到完全定位，如图 5-12 所示。

2. 夹紧方案的设计

工件生产批量较大，为提高生产率，减轻工人的劳动强度，宜采用气动夹紧即以压缩空气为动力源。

为将气缸水平方向的夹紧力转化为垂直方向，可利用气缸活塞杆推动一滑块，滑块上开出斜面槽，在滑块上斜槽的作用下，使两钩形压板同时向下压紧工件。为缩短工作行程，斜槽做成两个升角，前端的大升角用于加大夹紧空行程，后端的小升角用于夹紧工件。为便于装卸工件，在钩形压板上开有斜槽。当压板向上运动松开工件时，靠其上斜槽的作用使压板向外张开。夹紧机构的工作原理如图 5-13 所示。

3. 夹具的总体结构

根据以上分析，设计出的接头零件铣槽夹具如图 5-14 所示。

（1）在夹具总图上所标注的五类尺寸

1）工件定位孔和定位销 4 的配合尺寸 ϕ20H7/f7。

2）对刀元件的工作面与定位元件的定位面间的位置尺寸及公差（17±0.03）mm、（7±0.05）mm。

3）夹具的定位键 18 与机床工作台面 T 形槽的配合尺寸 18H7/n6 或 18H7/k6。

4）夹具内部的配合尺寸：定位销 4 与支座 2 的配合尺寸 ϕ10H7/n7；挡销 20 与支座 2 的配合尺寸 ϕ4H7/h7；轴销 9 与滑块 13 的配合尺寸 ϕ10P7/h7；轴销 9 与连接轴 5 的配合尺寸 ϕ10D9/h9。

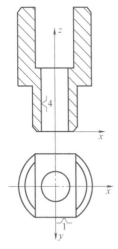

图 5-12　接头零件的定位

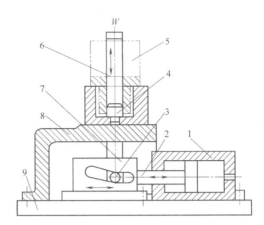

图 5-13　夹紧机构的工作原理图

1—气缸体　2—活塞杆　3—浮动支轴　4—定位元件
5—工件　6—钩形压板　7—滑块　8—箱体　9—底座

5）夹具外部尺寸 370mm×200mm×120mm。

（2）在夹具总图上所标注的技术要求

1）定位销 4 和挡销 20 的位置尺寸及公差（23±0.03）mm、（13±0.03）mm。

2）对刀块的侧对刀面相对于两定位键 18 侧面的平行度公差为 0.05mm 等。

夹具总图绘制完毕后，还应在夹具设计说明书中，就夹具的使用、维护注意事项给予简要说明。

（3）该套夹具具有的结构特点

1）夹具体即箱体 11 采用整体铸件结构，刚性较好。

2）定位销 4 和挡销 20 均安装在支座 2 上，通过支座 2 上的孔轴线与底座 16 底面的垂直度要求来保证定位销 4 的轴线与底座 16 底面的垂直度；同样通过支座 2 上的平面来保证该面与底座的下平面平行。

3）为了便于缩短工作行程，斜槽做成两个升角，前端的大升角用于加大夹紧空行程，后端的小升角用于夹紧工件。

4）为便于装卸工件，在钩形压板上开有斜槽。当压板向上运动松开工件时，靠其上斜槽的作用使压板向外张开。

5）定位销 4 的外圆柱表面与接头零件的内孔以任意边相接触，能够保证所铣削加工的槽面相对于孔的对称度要求。

6）挡销 20 的使用保证了槽口与已经加工表面相互垂直。

7）夹紧时，通过气缸活塞的运动，带动斜块 14 的左右运动，进而带动钩形压板 1 松开或夹紧工件，其工作可靠。

8）该套铣床夹具的定位键 18 通过螺钉 17 固联在了底座 16 上，同时定位键 18 又和铣床的 T 形槽相配合，保证了槽口与三面刃铣刀的相对位置关系。

该套夹具对工件定位考虑合理，且采用斜楔夹紧机构使工件既定位又夹紧，简化了夹具

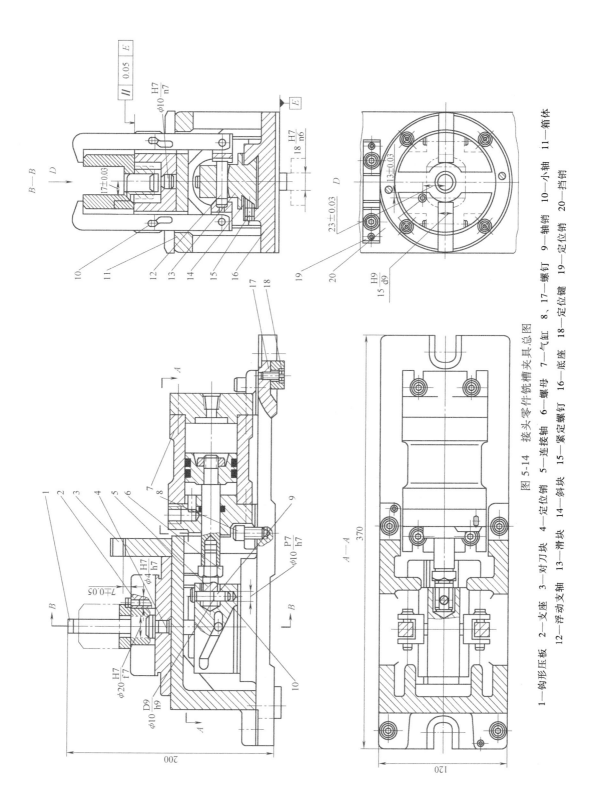

图 5-14 接头零件铣槽夹具总图

1—钩形压板　2—支座　3—对刀块　4—定位销　5—连接轴　6—螺母　7—气缸　8, 17—螺钉　9—轴销　10—小轴　11—箱体
12—浮动支轴　13—滑块　14—斜块　15—紧定螺钉　16—底座　18—定位键　19—定位销　20—挡销

结构，适用于批量生产。

思考与练习题

1. 专用夹具的设计有哪些基本要求?
2. 简述专用夹具的设计步骤。
3. 专用夹具的方案设计包括哪些内容?
4. 夹具总图上应标注哪些尺寸和公差?
5. 在车床上加工图 5-15 所示工件中尺寸为 M24×1.5 的螺纹孔，试设计专用夹具。

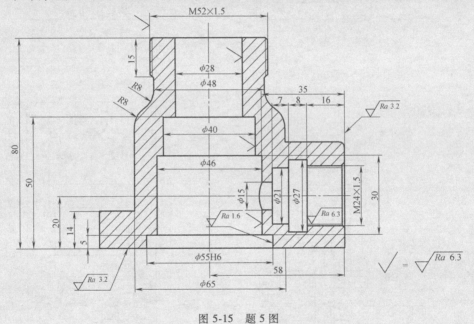

图 5-15　题 5 图

项目六

车床夹具的设计

▶【项目描述】

根据所给的零件工序图，分析零件本工序的加工要求，设计出能满足加工要求的车床夹具。

▶【技能目标】

能根据所给的零件工序图，设计出满足加工要求的车床夹具。

▶【知识目标】

1. 掌握车床专用夹具的分类。
2. 掌握车床专用夹具的设计要点。
3. 理解心轴类车床夹具和角铁类车床夹具的特点。

任务一　开合螺母底座加工的车床夹具设计

▶【任务描述】

图 6-1 所示为 C6140 车床开合螺母底座的车削工序图，本工序需要加工 $\phi 40^{+0.027}_{0}$ mm 孔，工件材料为 45 钢，中批生产，试设计能满足加工要求的车床夹具。

▶【任务分析】

根据对工序图 6-1 的分析，要保证 $\phi 40^{+0.027}_{0}$ mm 孔的加工要求，需要满足以下条件：

1）保证 $\phi 40^{+0.027}_{0}$ mm 孔的尺寸精度要求。

2）$\phi 40^{+0.027}_{0}$ mm 孔轴线到燕尾导轨底面 C 的距离尺寸为（45±0.05）mm。

3）$\phi 40^{+0.027}_{0}$ mm 孔轴线与燕尾导轨底面 C 的平行度公差为 0.05mm。

4）$\phi 40^{+0.027}_{0}$ mm 孔与 $\phi 12^{+0.019}_{0}$ mm 孔的距离尺寸为（8±0.05）mm。

5）$\phi 40^{+0.027}_{0}$ mm 孔轴线对两 B 面的对称面的垂直度公差为 0.05mm。

设计加工开合螺母底座零件孔的车床夹具。

▶【相关知识】

1. 车床夹具的分类

车床主要用于加工零件的内外圆的回转成形面、螺纹以及端面等。一些已标准化的车床

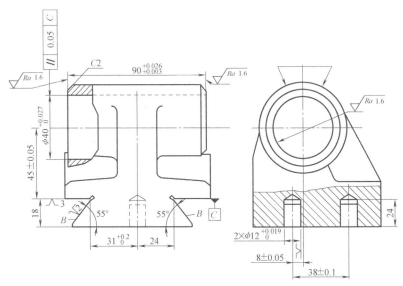

技术要求：$\phi 40^{+0.027}_{0}$mm孔轴线对两*B*面的对称面的垂直度公差为0.05mm。

图 6-1 开合螺母底座车削工序图

夹具，如自定心卡盘、单动卡盘、前后顶尖等都作为机床附件提供，能保证一些小批量的形状规则的零件加工要求。而对一些特殊形状零件的加工，还需设计制造车床专用夹具来满足加工工艺要求。

车床专用夹具可分为两类：一类是装夹在车床主轴上的夹具，使工件随夹具与车床主轴一起做旋转运动，刀具做直线切削运动；另一类是装夹在床鞍上或床身上的夹具，使某些形状不规则和尺寸较大的工件随夹具安装在床鞍上做直线运动，刀具则安装在主轴上做旋转运动完成切削加工，生产中常用此方法扩大车床的加工工艺范围，使车床作镗床用。

图 6-2 所示为机体镗孔工序图，要求加工机体中的阶梯孔，图 6-3 所示为工序加工的车床夹具。夹具安装在车床的床鞍上，通过夹具使工件的内孔与车床主轴同轴，镗杆右端由尾座支承，左端用自定心卡盘夹紧并带动旋转，刀具随车床主轴做旋转运动，工件随床鞍在导轨上做直线进给运动。

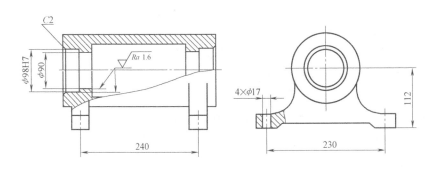

图 6-2 机体镗孔工序图

在实际生产中，需要设计且用得较多的是第一类专用夹具。

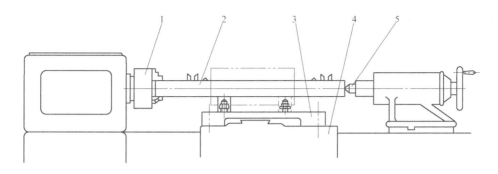

图 6-3　在车床上镗机体阶梯孔示意图

1—自定心卡盘　2—镗杆　3—夹具体　4—床鞍　5—尾座

（1）心轴类车床夹具　心轴类车床夹具多用于以内孔作为定位基准，加工外圆柱面的情况。常见的心轴有圆柱心轴、弹簧心轴和顶尖心轴等。

图 6-4a 所示为飞球保持架工序图。本工序的加工要求是车外圆 $\phi 92_{-0.5}^{0}$ mm 及两端倒角。图 6-4b 所示为加工时所使用的圆柱心轴。心轴上装有定位键 3，工件以 $\phi 33$mm 孔、一端面及槽的侧面作为定位基准定位，每隔一件装一距离套，以便加工倒角 C0.5，旋转螺母 7，通过快换垫圈 6 和压板 5 将工件夹紧。

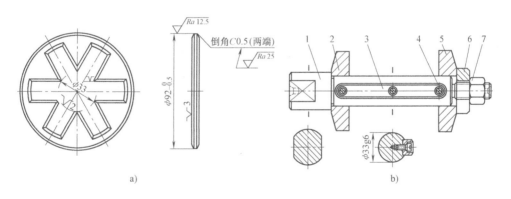

图 6-4　飞球保持架工序图及其心轴

1—心轴　2、5—压板　3—定位键　4—螺钉　6—快换垫圈　7—螺母

图 6-5 所示为弹簧心轴的三种类型。

图 6-5a 所示为前推式弹簧心轴，转动螺母 1，弹簧筒夹 2 前移，使工件定心夹紧。这种结构工件不能进行轴向定位。

图 6-5b 所示为不动式弹簧心轴，转动螺母 3，推动滑条 4 后移，使锥形拉杆 5 移动而将工件定心夹紧。反转螺母，滑条前移而使筒夹 6 松开。此筒夹元件不动，依靠其台阶端面对工件实现轴向定位。该心轴常用于不通孔作为定位基准的工件。

图 6-5c 所示为加工长薄壁工件用的分开式弹簧心轴，心轴体 12 和 7 分别置于车床主轴和尾座中，用尾座顶尖套顶紧时，锥套 8 撑开筒夹 9，使工件右端定心夹紧。转动螺母 11，使筒夹 10 移动，依靠心轴体 12 的 30°锥角将工件另一端定心夹紧。

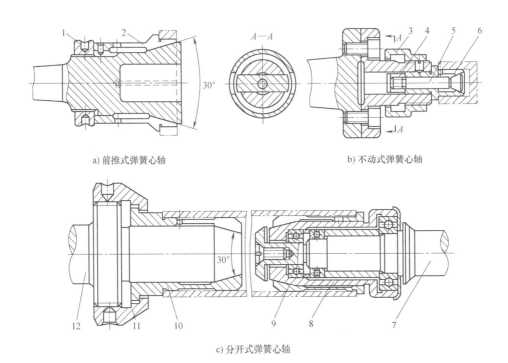

a) 前推式弹簧心轴　　　　　　　　　　b) 不动式弹簧心轴

c) 分开式弹簧心轴

图 6-5　弹簧心轴

1、3、11—螺母　2、6、9、10—筒夹　4—滑条　5—拉杆　7、12—心轴体　8—锥套

图 6-6 所示为顶尖式心轴，工件以孔口 60°角定位，旋转螺母 6，活动顶尖套 4 左移，使工件定心夹紧。这类心轴结构简单，夹紧可靠，操作方便，适合于加工内外孔无同轴度要求，或只需加工外圆的套筒类零件。

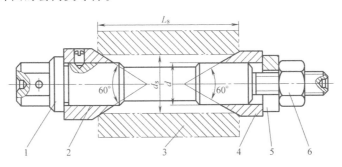

图 6-6　顶尖式心轴

1—心轴　2—固定顶尖套　3—工件　4—活动顶尖套　5—快换垫圈　6—螺母

（2）角铁式车床夹具　夹具体呈角铁状的车床夹具称为角铁式车床夹具，其特点是结构不对称。在角铁式车床夹具上加工的工件形状较复杂，它常用于加工壳体、支座、杠杆、接头等零件上的回转面和端面。

图 6-7 所示为横拉杆接头工序图，工件孔 $\phi 34^{+0.05}_{0}$ mm、M36×1.5-6H 及两端面均已加工过。本工序的加工内容和要求是：钻螺纹底孔、车出左螺纹 M24×1.5-6H；其轴线与 $\phi 34^{+0.05}_{0}$ mm 孔轴线应垂直相交，并距端面 A 的尺寸为（27±0.26）mm，孔壁厚应均匀。

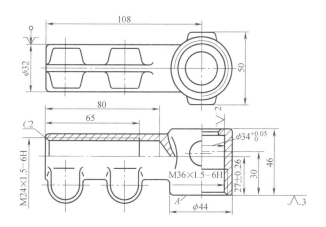

图 6-7　横拉杆接头工序图

图 6-8 所示为加工本工序的角铁式车床夹具。夹具以夹具体 2 上的定位止口和过渡盘 1 的凸缘相配合并紧固。夹具上的定位销 7，其轴线和夹具体的轴线正交，其台阶平面与该轴线的距离尺寸为（27±0.08）mm。工件以 $\phi 34^{+0.05}_{0}$ mm 孔和端面 A（图 6-7）在定位销上定位，限制了工件的五个自由度。当拧紧带肩螺母 9 时，钩形压板 8 将工件压紧在定位销 7 的台肩上，同时拉杆 6 向上做轴向移动，并通过连接块 3 带动杠杆 5 绕销钉 4 做顺时针转动，

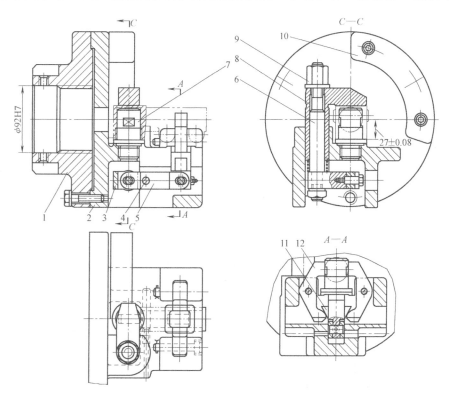

图 6-8　角铁式车床夹具

1—过渡盘　2—夹具体　3—连接块　4—销钉　5—杠杆　6—拉杆　7—定位销　8—钩形压板
9—带肩螺母　10—平衡块　11—楔块　12—摆动压块

于是将楔块 11 拉下，通过两个摆动压块 12 同时将工件定心夹紧，使工件待加工孔的轴线与专用夹具的轴线一致，从而实现了工件的正确装夹。为使夹具在回转运动时平衡，夹具上设置了平衡块 10。

2. 车床夹具设计要点

（1）车床夹具在机床主轴上的安装方式　车床夹具与机床主轴的配合表面之间必须有一定的同轴度精度且连接可靠，通常的连接方式有以下几种：

1）夹具通过主轴锥孔与机床主轴连接。当夹具体两端有中心孔时，夹具安装在车床的前后顶尖上。夹具体带有锥柄时，夹具通过莫氏锥柄直接安装在主轴锥孔中，并用螺栓拉紧，如图 6-9a 所示。这种安装方式的安装误差小、定心精度高。

2）夹具通过过渡盘与机床主轴连接。径向尺寸较大的夹具，一般用过渡盘安装在主轴的前端，过渡盘与主轴配合处的形状取决于主轴前端的结构。

图 6-9b 所示的过渡盘以内孔在主轴前端的定心轴颈上定位，用螺纹紧固，轴向由过渡盘端面与主轴前端的台阶面接触。为防止停机和主轴反转时因惯性作用使两者松开，用压块 4 将过渡盘压在主轴上。这种安装方式的安装精度受配合精度的影响，常用于 C6140 车床。

图 6-9c 所示的过渡盘以锥孔和端面在主轴前端的短圆锥面和端面上定位。安装时，先将过渡盘推入主轴，使其端面与主轴端面之间有 0.05~0.1mm 的间隙，用螺钉均匀拧紧后，会产生弹性变形，使端面与锥面全部接触，这种安装方式定心准确，刚性好，但加工精度要求高，常用于 CA6140 车床。

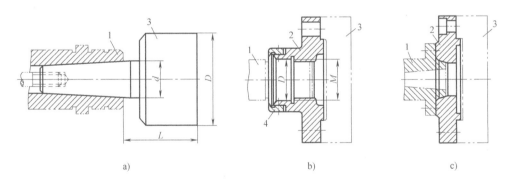

图 6-9　车床夹具与机床主轴的连接
1—主轴　2—过渡盘　3—专用夹具　4—压块

常用几种车床主轴前端的形状及尺寸，可参阅图 6-10。过渡盘与夹具体之间用"止口"定心，即夹具体的定位孔与过渡盘的凸缘以 H7/f7、H7/h6、H7/js6 或 h7/n6 配合，然后用螺钉固紧。过渡盘常作为车床附件备用。设计夹具时，应按过渡盘凸缘确定夹具的止口尺寸。没有过渡盘时，可将过渡盘与夹具体合成一个零件设计，也可采用通用花盘来连接主轴与夹具。

（2）找正基面的设计　为了保证车床夹具的安装精度，安装时应对夹具的限位表面进行仔细找正。若夹具的限位面为与主轴同轴的回转面，则直接用限位表面找正它与主轴的同轴度。若限位面偏离回转中心，则应在夹具体上专门制一孔（或外圆）作为找正基面，使该面与机床主轴同轴，同时，它也作为夹具的设计、装配和测量基准。

为保证加工精度，车床夹具的设计中心（即限位面或找正基面）对主轴回转中心的同轴度应

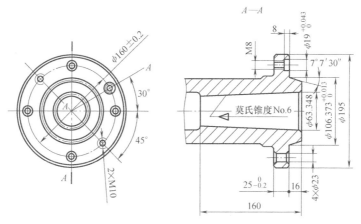

CA6140、CA6150、CA6240、CA6250主轴尺寸

图 6-10　几种车床主轴前端的形状及尺寸

控制在 $\phi0.01mm$ 之内，限位端面（或找正端面）对主轴回转中心的跳动量也不应大于 0.01mm。

（3）定位元件的设计　设计定位元件时应考虑使工件加工表面的轴线与主轴轴线重合。对于回转体或对称零件，一般采用心轴或定心夹紧式夹具，以保证工件的定位基面、加工表面和主轴三者的轴线重合。对于壳体、支架、托架等形状复杂的工件，由于被加工表面与工序基准之间有尺寸和相互位置要求，所以各定位元件的限位表面应与机床主轴旋转中心具有正确的尺寸和位置关系。

为了获得定位元件相对于机床主轴轴线的准确位置，有时采用"临床加工"的方法，即限位面的最终加工就在使用该夹具的机床上进行，加工完之后夹具的位置不再变动，避免了很多中间环节对夹具位置精度的影响。如采用不淬火自定心卡盘的卡爪，装夹工件前，先对卡爪"临床加工"，以提高装夹精度。

（4）夹紧装置的设计　车床夹具的夹紧装置必须安全可靠。夹紧力必须克服切削力、离心力等外力的作用，且自锁可靠。对高速切削的车、磨夹具，应进行夹紧力克服切削力和离心力的验算。若采用螺旋夹紧机构，一般要加弹簧垫圈或使用锁紧螺母。

（5）夹具的平衡　由于加工时夹具随同主轴旋转，如果夹具的总体结构不平衡，则其在离心力的作用下将产生振动，影响工件的加工精度和表面粗糙度。因此，车床夹具除了控制悬伸长度外，结构上还应基本平衡。角铁式车床夹具的定位元件及其他元件总是布置在主轴轴线一边，不平衡现象最严重，所以在确定其结构时，特别要注意对它进行平衡。平衡的方法有两种：设置平衡块或加工减重孔。

▶【任务实施】

根据零件的加工要求，设计的角铁式车床夹具如图 6-11 所示。按照基准重合原则，工件以燕尾面 B 在固定支承板 8 及活动支承板 10 上定位限制了 5 个自由度，用 $\phi12mm$ 的孔与活动菱形销 9 配合限制 1 个自由度实现完全定位。装卸工件时，推开活动支承板 10 将工件插入，靠弹簧力使工件紧靠固定支承板 8，并推移工件使活动菱形销 9 弹入定位孔中。采用带摆动 V 形块 3 的螺旋压板机构，通过锁紧螺母和垫圈夹紧工件，用平衡块 6 来保持夹具的平衡。

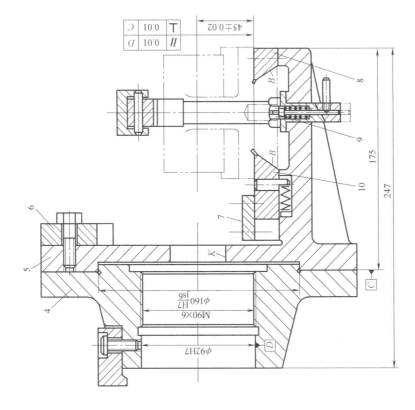

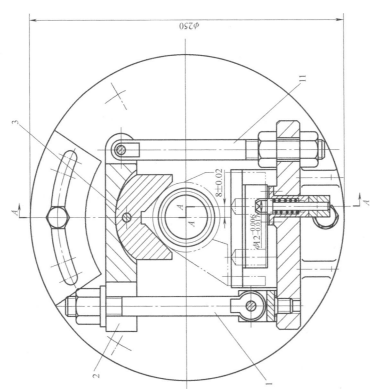

图 6-11　角铁式车床夹具

1、11—螺栓　2—压板　3—摆动 V 形块　4—过渡盘　5—夹具体　6—平衡块　7—盖板　8—固定支承板　9—活动菱形销　10—活动支承板

任务二 拨叉零件加工的车床夹具设计

 【任务描述】

图 6-12 为拨叉零件工序图，本工序需要加工 R45mm 的圆弧面，工件材料为 HT200，中批生产，试设计能满足加工要求的车床夹具。

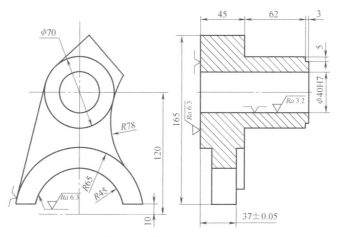

图 6-12 拨叉零件工序图

 【任务分析】

1. 分析与加工要求有关的自由度

加工该零件时，以 ϕ40H7 的孔在定位轴上定位、尺寸 37mm 的左端面及圆弧 R65mm 的左边定位，来限制它的六个自由度。

2. 选择定位基准，并确定定位方式

按基准重合原则选择 ϕ40H7 的孔、尺寸 37mm 的左端面和 R65mm 圆弧的左侧作为定位基准，其中 ϕ40H7 的孔作主要定位基面。定位轴以 ϕ40H7 的孔定位，限制工件四个自由度；夹具体的表面与尺寸 37mm 的左端面接触及圆弧 R65mm 的左边的支承点，分别限制工件一个直线方向和一个旋转方向的自由度。因此，本设计采用的是完全定位方式。

3. 选择定位元件结构

ϕ40H7 的孔采用定位轴定位，在结构设计时应注意协调与其他元件的关系，特别注意定位元件在夹具体上的位置。

4. 夹紧装置的确定

由于工件和夹具一起随主轴旋转，工件除受切削力外，还受离心力作用，因此，要求夹具装置具有的足够夹紧力且可靠，同时夹紧力不能使工件变形。考虑以上因素，本夹具采用压板夹紧机构，用螺钉及螺母锁紧，使夹具稳固可靠。

 【任务实施】

图 6-13 为拨叉车圆弧及端面的车床夹具，可装夹两件拨叉同时加工。夹具体 1 是安装

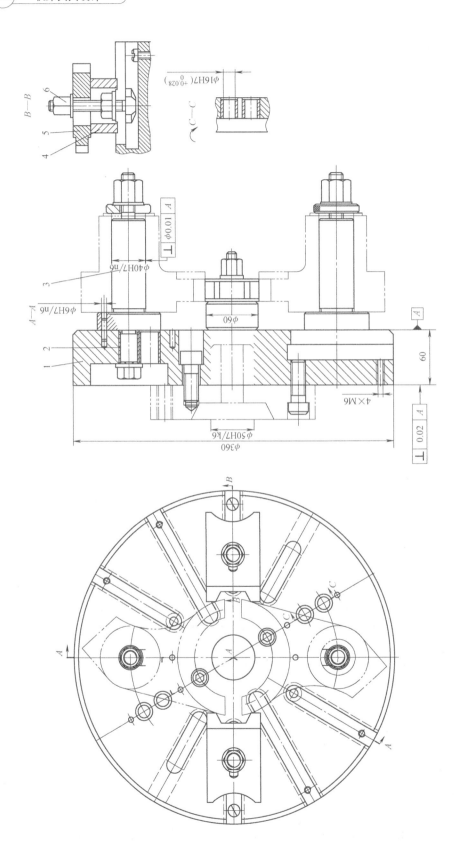

图 6-13　拨叉车圆弧及端面的车床夹具

1—夹具体　2—定位套　3—定位轴　4—垫圈　5—压板　6—螺母

在车床主轴上，为了保证其平衡，还需把夹具设计成对称的，夹具体 1 设计成圆盘形。夹具体 1 上设置的 T 形槽，可以保证加工的中心距能在一定范围内变化，夹具体 1 上有定位套 2，可以安装可换定位轴 3，用来加工中心距不同的零件。垫圈 4 及压板 5 按零件叉口的高度选用更换，并固定在两定位轴连线垂直的 T 形槽内，用于防转定位及辅助夹紧。在加工工件时，由于毛坯结构不规则，设置两对平衡块来使夹具整体的平衡。

思考与练习题

1. 什么是车床专用夹具？
2. 车床专用夹具的分类有哪些？
3. 简述心轴类车床夹具的特点。
4. 简述角铁类车床夹具的特点。
5. 简述车床专用夹具的设计要点。
6. 图 6-14 所示为轴承座，在车床上加工 $\phi15^{+0.018}_{0}$ mm 的孔，试设计车床专用夹具。

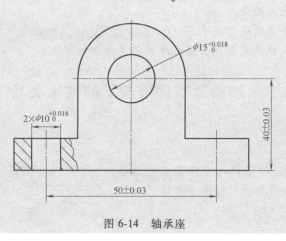

$\phi15^{+0.018}_{0}$

$2\times\phi10^{+0.018}_{0}$

40 ± 0.03

50 ± 0.03

图 6-14　轴承座

项目七

铣床夹具的设计

▶【项目描述】

根据所给的零件工序图，分析零件本工序的加工要求，设计出能满足加工要求的铣床夹具。

▶【技能目标】

能根据所给的零件工序图，设计出满足加工要求的铣床夹具。

▶【知识目标】

1. 掌握铣床专用夹具的分类。
2. 掌握铣床专用夹具的设计要点。
3. 理解直线进给式铣床夹具和圆周进给式铣床夹具的特点。

任务一　推动架零件槽加工的铣床夹具设计

▶【任务描述】

如图 7-1 所示，推动架零件本工序需铣宽 6mm 、深 9.5mm 的槽，工件材料为 HT300，毛坯为铸件，大批量生产，试设计铣床夹具。

▶【任务分析】

在铣削加工宽 6mm、深 9.5mm 的槽的时候，因为其他的孔及平面均已加工好，所以加工时以中间的大孔 32mm 作为定位的中心，采取合适的定位方案加以定位夹紧，来保证槽的加工精度。

此零件为大批量生产，应采用专用夹具加工槽，以提高生产效率。由于推动架需要加工的平面较少，且精度要求不是很高，所以在制订工艺路线时，先考虑平面加工，再加工孔，最后使用专用夹具对槽进行铣削加工。

工艺路线为：铸造→热处理（人工时效处理)→镗端面→半精镗孔→钻攻螺纹孔→铣削加工槽→清洗、去毛刺、倒角→检验

▶【相关知识】

1. 铣床夹具的主要类型

铣床夹具主要用于加工零件上的平面、沟槽、花键以及成形面等。按照铣削时的进给方

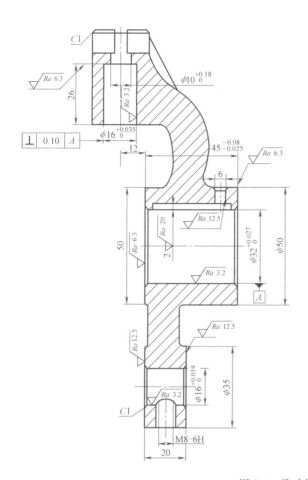

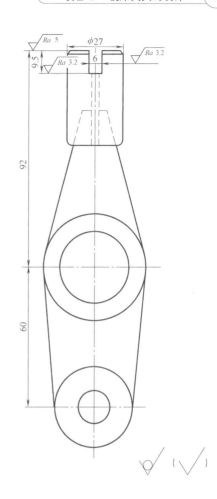

图 7-1　推动架零件图

式，通常将铣床夹具分为三类：直线进给式、圆周进给式以及靠模铣床夹具，其中，直线进给式铣床夹具用得最多。

（1）直线进给式铣床夹具　这类夹具安装在铣床工作台上，随工作台一起做直线进给运动。按照在夹具上装夹工件的数目，它可分为单件夹具和多件夹具。

多件夹具广泛用于成批生产或大量生产的中、小零件加工。图 7-2 所示轴端铣方头夹具，采用平行对向式多位联动夹紧结构，旋转夹紧螺母 6，通过球面垫圈及压板 7 将工件压在 V 形块 8 上。四把三面刃铣刀同时铣完两侧面后，取下楔块 5，将回转座 4 转过 90°，再用楔块 5 将回转座定位并锁紧，即可铣工件的另两个侧面。该夹具在一次安装中完成两个工位的加工，节省了时间，提高了生产效率。

从以上实例中可以看出，采用不同的加工方式设计多件铣床夹具，可不同程度地提高生产效率。此外，根据生产规模的大小，合理设计夹紧装置，注意采用联动夹紧机构，如气压、液压等动力装置，也可有效地提高铣床夹具的工作效率。

（2）圆周进给式铣床夹具　圆周进给式铣床夹具一般在有回转工作台的专用铣床上使用。在通用铣床上使用时，应进行改装，增加一个回转工作台。

如图 7-3 所示，铣削拨叉上、下两端面。工件以圆孔、端面及侧面在定位销 2 和挡销 4

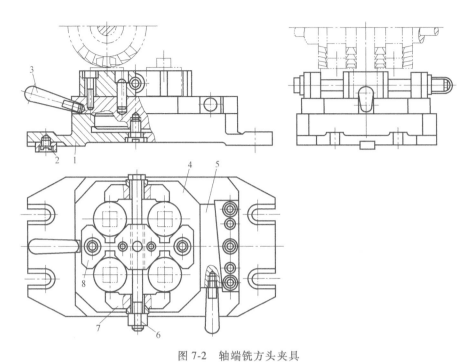

图 7-2　轴端铣方头夹具

1—夹具体　2—定向键　3—手柄　4—回转座　5—楔块　6—夹紧螺母　7—压板　8—V 形块

上定位，由液压缸 6 驱动拉杆 1 通过快换垫圈 3 将工件夹紧。夹具上可同时装夹 12 个工件。

工作台由电动机通过蜗杆蜗轮机构传动回转。AB 是工件的切削区域，CD 是装卸工件区域，可在不停机的情况下装卸工件，使切削的基本时间和装卸工件的辅助时间重合。因此，它生产效率高，适用于大批量生产中的中、小件加工。

图 7-4 所示为在立式双头回转铣床上加工柴油机连杆端面的情形，夹具沿圆周排列紧凑，使铣刀的空程时间缩短到最低限度，且因机床有两个主轴，能顺次进行粗铣和精铣，因而大大提高了生产效率。

（3）靠模铣床夹具　带有靠模装置的铣床夹具，用于专用或通用铣床上加工各种成形面。靠模夹具的作用是使主进给运动和由靠模获得的辅助运动合成加工所需的仿形运动。按照主进给运动的运动方式，靠模铣床夹具可分为直线进给和圆周进给两种。

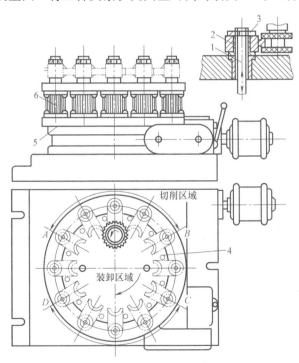

图 7-3　圆周进给铣床夹具

1—拉杆　2—定位销　3—快换垫圈　4—挡销

5—转台　6—液压缸

1）直线进给靠模铣床夹具。图 7-5a所示为直线进给靠模铣床夹具示意图。靠模板 2 和工件 4 分别装在夹具上，滚柱滑座 6 和铣刀滑座 5 连成一体，它们的轴线距离 k 保持不变。滑座 5、6 在强力弹簧或重锤拉力作用下沿导轨滑动，使滚柱始终压在靠模板上。当工作台做纵向进给时，滑座即获得一横向辅助运动，使铣刀仿照靠模板的曲线轨迹在工件上铣出所需的成形表面。此种加工方法一般在靠模铣床上进行。

2）圆周进给靠模铣床夹具。图 7-5b所示为装在普通立式铣床上的圆周进给靠模夹具。靠模板 2 和工件 4 装在回转工作台 7 上，回转工作台由蜗杆蜗轮带动做等速圆周运动。在强力弹簧的作用下，滑座 8 带动工件沿导轨相对于刀具做辅助运动，从而加工出与靠模外形相仿的成形面。

设计圆周进给靠模铣床夹具，通常将滚柱和铣刀布置在工件回转轴线

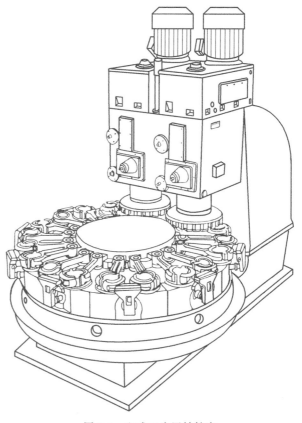

图 7-4 立式双头回转铣床

的同一侧，相隔一固定距离 k。这样便可将靠模板的尺寸设计得大些，使靠模的轮廓曲线变得更平滑，滚柱的尺寸也可以加大，以增强刚度，从而提高加工精度。

图 7-5 中的俯视图反映了滚柱和铣刀的相对运动轨迹，即反映了工件成形面的轮廓和靠模板轮廓的关系。由此可得靠模板轮廓曲线的绘制过程如下：

1）画出工件成形面的准确外形。

2）从工件的加工轮廓面或回转中心作均分的平行线或辐射线。

3）在平行线或辐射线上以铣刀半径 r 为半径作与工件外形轮廓相切的圆，得铣刀中心的运动轨迹。

4）从铣刀中心沿各平行线或辐射线截取长度等于 k 的线段，得到滚柱中心的运动轨迹，然后以滚柱半径 R 为半径作圆弧，再作这些圆弧中心的包络线，即得靠模板的轮廓曲线。

铣刀的半径应等于或小于工件轮廓的最小曲率半径，滚柱直径应等于或略大于铣刀直径。为防止滚柱和靠模板磨损后及铣刀刃磨后影响工件的轮廓尺寸，可将靠模和滚柱做成 10°~15°的斜角，以便调整。

靠模和滚柱间的接触压力很大，需要有很高的耐磨性。因此，常用 T8A、T10A 钢制造或 20 钢、20Cr 钢渗碳淬硬至 58~62HRC。

2．铣床夹具的设计要点

铣削加工是切削力较大的多刃断续切削，加工时容易产生振动。根据铣削加工的特点，

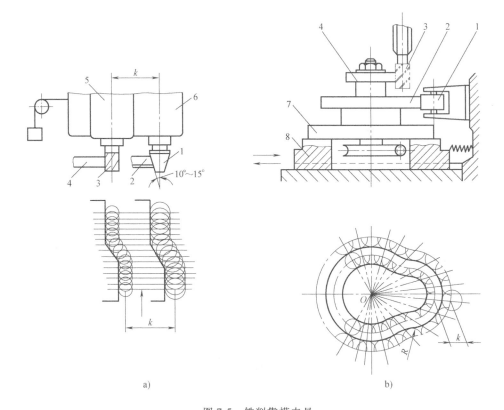

图 7-5 铣削靠模夹具

1—滚柱 2—靠模板 3—铣刀 4—工件 5—铣刀滑座 6—滚柱滑座 7—回转工作台 8—滑座

铣床夹具必须具有良好的抗振性能，以保证工件的加工精度和表面粗糙度要求。为此，应合理设计定位元件、夹紧装置以及总体结构等。

（1）定位元件和夹紧装置的设计要点　为保证工件定位的稳定性，除应遵循一般的设计原则外，铣床夹具定位元件的布置，还应尽量使主要支承面积大些。若工件的加工部位呈悬臂状态，则应采用辅助支承，增加工件的安装刚度，防止振动。

设计夹紧装置应保证足够的夹紧力，且具有良好的自锁性能，以防止夹紧机构因振动而松夹。施力的方向和作用点要恰当，并尽量靠近加工表面，必要时设置辅助夹紧机构，以提高夹紧刚度。对于切削用量大的铣床夹具，最好采用螺旋夹紧机构。

（2）特殊元件设计

1）定位键。定位键安装在夹具底面的纵向槽中，一般使用两个，用开槽圆柱头螺钉固定。小型夹具也可使用一个断面为矩形的长键。通过定位键与铣床工作台上 T 形槽的配合，确定夹具在机床上的正确位置。定位键还可承受铣削时产生的切削转矩，减轻夹具固定螺栓的负荷，加强夹具在加工过程中的稳固性。

常用定位键的断面为矩形，矩形定位键已标准化，如图 7-6 所示。

对于 A 型键，其与夹具体槽和工作台 T 形槽的配合尺寸均为 B，其极限偏差可选 h6 或 h8。夹具体上用于安装定位键的槽宽 B_2 与 B 尺寸相同，极限偏差可选 H7 或 JS6。为了提高精度，可选用 B 型定位键，其与 T 形槽配合的尺寸 B_1 留有 0.5mm 的磨量，可按机床 T 形槽

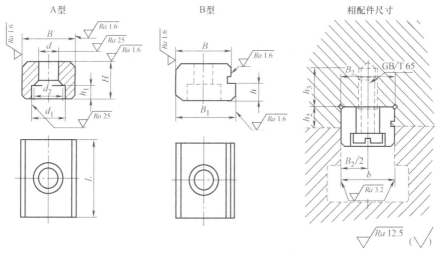

图 7-6　定位键（JB/T 8016—1999）

实际尺寸配作，极限偏差取 h6 或 h8。

为了提高精度，两个定位键（或定向键）间的距离尽可能加大些，安装夹具时，让键靠向 T 形槽一侧，以避免间隙的影响。

对于位置精度要求高的夹具，常不设置定位键（或定向键），而用找正的方法安装夹具，如图 7-7 所示。在图 7-7a 中的 V 形块上放入精密心棒，通过用固定在床身或主轴上的百分表 1 进行找正，夹具就可获得所需的准确位置。因为用这种方法是直接按成形运动确定定位元件的位置，避免了中间环节的影响。为了找正方便，还可在夹具体上专门加工出找正基准 7-7b 中的 A 面），用以代替对元件定位面的直接测量，此时定位元件与找正基准之间应有严格的相对位置要求。

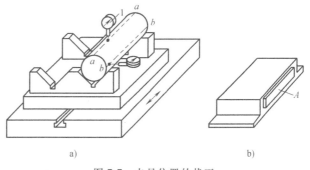

图 7-7　夹具位置的找正

2）对刀装置。它主要由对刀块和塞尺组成，用以确定夹具与刀具间的相对位置。对刀块的结构形式取决于加工表面的形状。

图 7-8a 所示为圆形对刀块，用于加工平面；图 7-8b 所示为方形对刀块，用于调整组合铣刀的位置；图 7-8c 所示为直角对刀块，用于加工两相互垂直面或铣槽时的对刀；图 7-8d 所示为侧装对刀块，也用于加工两相互垂直面或铣槽时的对刀。这些标准对刀块的结构参数均可从有关手册中查取。

使用对刀装置对刀时，在刀具和对刀块之间用塞尺进行调整，以免损坏切削刃或造成对刀块过早磨损。图 7-9 所示为常用标准塞尺的结构，图 7-9a 所示为对刀平塞尺，图 7-9b 所示为对刀圆柱塞尺。平塞尺的公称尺寸 H 为 1~5mm，圆柱塞尺的公称尺寸 d 仍为 $\phi3$mm 或 $\phi5$mm，均按公差带 h6 制造，在夹具总图上应注明塞尺的尺寸。

对刀块通常制成单独的元件，用销钉和螺钉紧固在夹具上，其位置应便于使用塞尺对刀

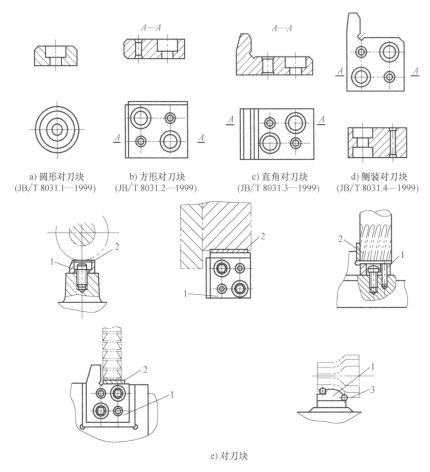

a) 圆形对刀块　　b) 方形对刀块　　c) 直角对刀块　　d) 侧装对刀块
(JB/T 8031.1—1999)　(JB/T 8031.2—1999)　(JB/T 8031.3—1999)　(JB/T 8031.4—1999)

e) 对刀块

图 7-8　标准对刀块及对刀装置

1—对刀块　2—对刀平塞尺　3—对刀圆柱塞尺

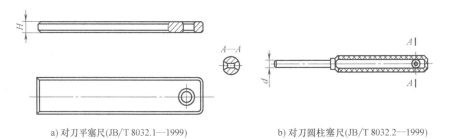

a) 对刀平塞尺(JB/T 8032.1—1999)　　　　b) 对刀圆柱塞尺(JB/T 8032.2—1999)

图 7-9　标准对刀塞尺

和不妨碍工件的装卸。对刀块的工作表面与定位元件间应有一定的位置尺寸要求，应合理确定对刀基准。对刀基准是用以确定刀具位置所依据的基准，对刀基准应在定位元件的合适部位，并尽量不受定位元件制造误差的影响，即应以定位元件的工作表面或其中心作为基准。对刀尺寸应标注在夹具总图上。

标准对刀块的材料为 20 钢，渗碳深度为 $0.8 \sim 1.2$mm，淬火硬度为 $58 \sim 64$HRC。标准塞尺的材料为 T8，淬火硬度为 $55 \sim 60$HRC。

（3）夹具的总体设计及夹具体 为了提高铣床夹具在机床上安装的稳固性和动态下的抗振性能，在进行夹具的总体结构设计时，各种装置的布置应紧凑，加工面尽可能靠近工作台面，以降低夹具的重心，一般夹具的高宽之比应限制在 $H/B \leqslant 1 \sim 1.25$ 范围内。

铣床夹具的夹具体应具有足够的刚度和强度，必要时设置加强肋。此外，还应合理地设置耳座，以便与工作台连接。常见的耳座结构如图 7-10 所示，如果夹具体的宽度尺寸较大时，可在同一侧设置两个耳座，两耳座间的距离应和铣床工作台两 T 形槽间的距离相一致。

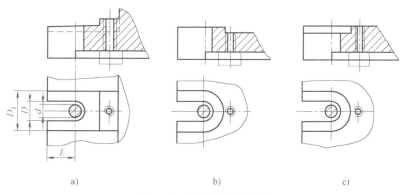

a)   b)   c)

图 7-10 常见的耳座结构

铣削加工时会产生大量切屑，夹具应具有足够的排屑空间，并注意切屑的流向，使清理切屑方便。对于重型铣床夹具，在夹具体上应设置吊环，以便于搬运。

▶【任务实施】

1. 定位方案和定位装置的设计

以 $\phi 32mm$ 的孔和 $\phi 50mm$ 的左端面作为定位基面，设计心轴作为定位元件，为了防止过定位的发生，$\phi 16mm$ 的孔以菱形销定位。

2. 夹紧方案的确定

为便于快速装卸工件采用螺钉及开口垫圈对推动架进行夹紧。

3. 对刀装置的设计

在铣槽加工时应设置对刀块，工件和夹具通过对刀块使铣刀占有正确的位置，从而满足工件的加工精度要求。

设计方案如下图 7-11 所示：

铣床夹具装配图如图 7-12 所示。

推动架 6 以定位轴 3 和菱形销 2 定位，开口垫圈 7 装在定位轴 3 的右端，如图7-12a所示，拧紧螺母 8 将工件夹紧，夹具体 4 安装在铣床的工作台上，铣刀通过对刀块 5 进行对刀，保证推动架零件的加工精度要求。

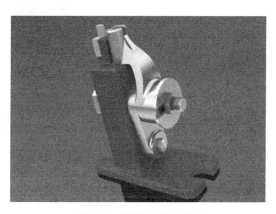

图 7-11 铣槽夹具三维图

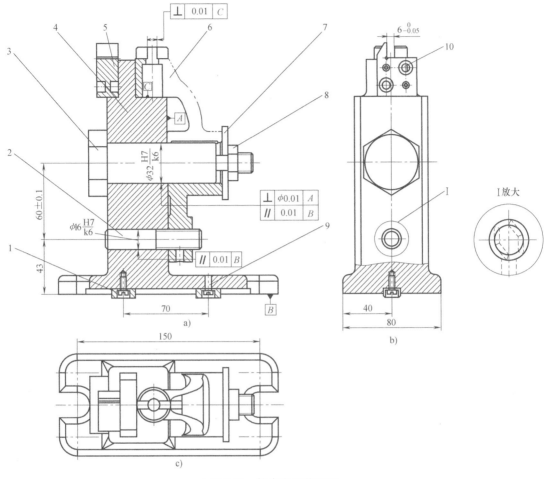

图 7-12　铣床夹具装配图

1—定位键　2—菱形销　3—定位轴　4—夹具体　5—对刀块　6—推动架

7—开口垫圈　8—螺母　9、10—螺钉

任务二　铣双斜面铣床夹具的设计

▶【任务描述】

图 7-13 所示为在杠杆零件上铣双斜面的工序图，分析工件的加工要求，设计铣床夹具。

▶【任务分析】

在杠杆零件上铣双斜面，保证两斜面的角度，设计能满足要求的铣床夹具。

▶【任务实施】

图 7-14 所示为生产中加工该工件的单件铣床夹具，工件以已精加工过的孔 φ22H7 和端

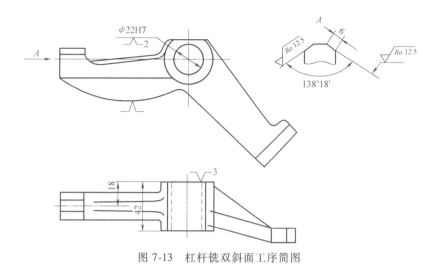

图 7-13　杠杆铣双斜面工序简图

面在台阶定位销 9 上定位，限制工件的 5 个自由度；以圆弧面在可调支承 6 上定位限制工件的一个自由度，从而实现了完全定位。

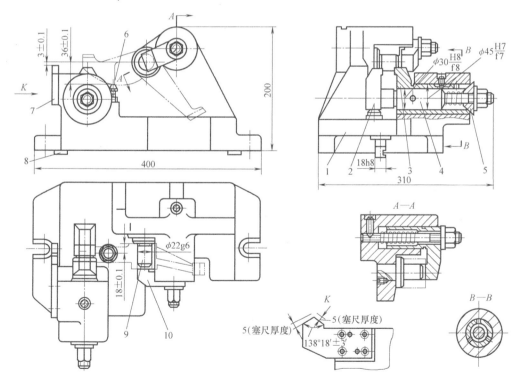

图 7-14　单件铣斜面夹具

1—夹具体　2、3—卡爪　4—连接杆　5—锥套　6—可调支承

7—对刀块　8—定位键　9—定位销　10—钩形压板

工件的夹紧以钩形压板 10 为主，其结构见 A—A 剖视图，另在接近加工表面处采用浮动的辅助夹紧机构，当拧紧该机构的螺母时，卡爪 2 和卡爪 3 对向移动，同时将工件夹紧。在

卡爪 3 的末端开有三条轴向槽，形成三片簧瓣，继续拧紧螺母，锥套 5 迫使簧瓣胀开，使其锁紧在夹具体中，从而增强夹紧刚度，以免铣削时产生振动。

夹具通过两个定位键 8 与铣床工作台 T 形槽对定，采用两把角度铣刀同时进行加工。夹具上的角度对刀块 7 与定位销 9 的台阶面和轴线有一定的尺寸联系，而定位销的轴线又与定位键的侧面垂直，故通过塞尺对刀，即可使夹具相对于机床和刀具获得正确的加工位置，从而保证加工要求。

思考与练习题

1. 铣床夹具分为哪三大类？各有何特点？
2. 简述铣床夹具的设计要点。
3. 常用定位键有哪些形式？各用在什么场合？
4. 对刀块有哪些结构形式？各用在什么场合？
5. 根据图 7-15 所示的活塞套简图，设计铣床夹具。

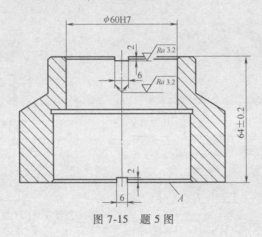

图 7-15   题 5 图

项目八

钻床夹具的设计

▶【项目描述】

根据所给的零件工序图，分析零件本工序的加工要求，设计出能满足加工要求的钻床夹具。

▶【技能目标】

能根据所给的零件工序图，设计出满足加工要求的钻床夹具。

▶【知识目标】

1. 掌握钻床专用夹具的分类。
2. 掌握钻床专用夹具的设计要点。
3. 了解设计钻模板时应注意的事项。

任务一　套类零件孔加工的钻床夹具设计

▶【任务描述】

如图 8-1 所示套类零件，加工 φ12H8 的孔，工件材料为 45 钢，毛坯为锻件，大批生产，试设计能保证零件的加工精度的钻床夹具。

▶【任务分析】

图 8-1 所示为套类零件加工孔的工序图，φ68H7 孔与两端面已经加工完，本工序需加工 φ12H8 孔，要求孔中心至 N 面距离为（15±0.1）mm，与 φ68H7 孔轴线的垂直度公差为 0.05mm，对称度公差为 0.1mm。

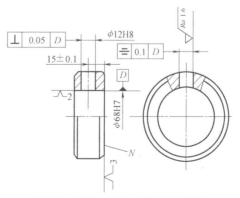

图 8-1　套类零件加工孔的工序图

▶【相关知识】

1. 钻床夹具的主要类型

在钻床上进行孔的钻、扩、铰时用的夹具，称为钻床夹具，俗称钻模。钻模上均设置钻套和钻模板，用以引导刀具。钻模主要用于加工中等精度、尺寸较小的孔或孔系。使用钻模可提高孔及孔之间的位置精度，其结构简单、制造方便，因此钻模在各类机床夹具中占的比重最大。

钻模的类型很多，有固定式、回转式、移动式、翻转式、盖板式和滑柱式等。

（1）固定式钻模　在使用过程中，钻模在机床上的位置是固定不动的。主要用于立式钻床上加工直径大于 10mm 的单孔，或在摇臂钻床上加工较大的平行孔系。

（2）回转式钻模　加工同一圆周上的平行孔系、同一截面内径向孔系或同一直线上的等距孔系时，钻模上应设置分度装置。带有回转式分度装置的钻模称为回转式钻模。它包括立轴、卧轴和斜轴回转三种基本形式。

图 8-2 所示为一卧轴回转式分度钻模的结构，用来加工工件上三个径向均布孔。在转盘6 的圆周上有三个径向均布的钻套孔，其端面上有三个对应的分度锥孔。钻孔前，对定销 2在弹簧力的作用下插入分度锥孔中，反转手柄 5，螺套 4 通过锁紧螺母使转盘 6 锁紧在夹具体上。钻孔后，正转手柄 5 将转盘松开，同时螺套 4 上的端面凸轮将对定销拔出，进行分度，直至对定销重新插入第二个锥孔，然后锁紧进行第二个孔的加工。

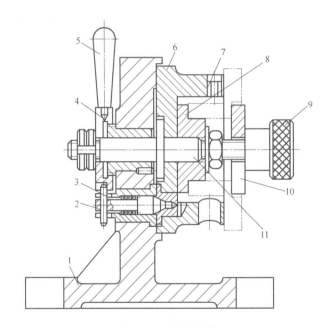

图 8-2　回转式钻模
1—夹具体　2—对定销　3—横销　4—螺套　5—手柄　6—转盘　7—钻套
8—定位件　9—滚花螺母　10—开口垫圈　11—转轴

（3）移动式钻模　这类钻模用于钻削中、小型工件同一表面上的多个孔。移动式钻模平面图如图 8-3 所示，三维图如图 8-4 所示，用于加工连杆大、小头上的孔。工件以端面及大、小头圆弧面作为定位基面，在定位套 12、13、固定 V 形块 2 及活动 V 形块 7 上定位。先通过手轮 8 推动活动 V 形块 7 压紧工件，然后转动手轮 8 带动螺钉 11 转动，压迫钢球 10，使两片半月键 9 向外胀开而锁紧。V 形块带有斜面，使工件在夹紧分力作用下与定位套贴紧。通过移动钻模，使钻头分别在两个钻套 4、5 中导入，从而加工工件上的两个孔。

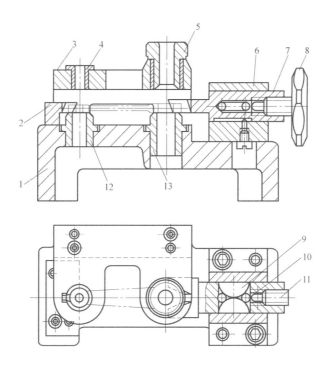

图 8-3　移动式钻模平面图

1—夹具体　2—固定 V 形块　3—钻模板　4、5—钻套　6—支座　7—活动 V 形块
8—手轮　9—半月键　10—钢球　11—螺钉　12、13—定位套

（4）翻转式钻模　翻转式钻模主要用于加工中、小型工件分布在不同表面上的孔，图 8-5 所示为加工一个套类零件 12 个螺纹底孔所用的翻转式钻模。工件以端面 M 和内孔 $\phi30H8$ 分别在夹具定位件 2 上的限位面 M' 和 $\phi30g6$ 圆柱销上定位，限制工件 5 个自由度，用削扁开口垫圈 3、螺杆 4 和手轮 5 对工件压紧，翻转 6 次加工圆周上的 6 个径向孔，然后将钻模翻转为轴线竖直向上，即可加工端面上的 6 个孔。

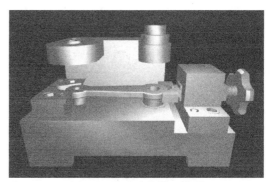

图 8-4　移动式钻模三维图

翻转式钻模的结构比较简单，但每次钻孔都需找正钻套相对钻头的位置，所占辅助时间较长，而且翻转费力。因此适用于夹具与工件总质量不大于 10kg、工件上钻制的孔径小于 $\phi8 \sim \phi10$mm、加工精度要求不高的场合。

（5）盖板式钻模　盖板式钻模的特点是：定位元件、夹紧装置及钻套均设在钻模板上，钻模板在工件上装夹。它常用于床身、箱体等大型工件上的小孔加工。加工小孔的盖板式钻模，因钻削力矩小，有时可不设置夹紧装置。因夹具在使用时经常搬动，故盖板式钻模一般所产生的重力不宜超过 100N。为了减轻质量，可在盖板上设置加强肋而减小其厚度，或设置减重孔或用铸铝件。

此类钻模结构简单、制造方便、成本低廉、加工孔的位置精度较高，在单件、小批生产中也可使用，因此应用很广。

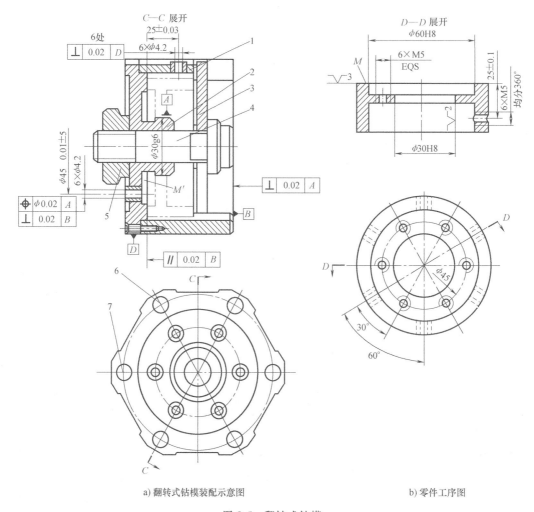

a) 翻转式钻模装配示意图   b) 零件工序图

图 8-5　翻转式钻模

1—夹具体　2—定位件　3—削扁开口垫圈　4—螺杆　5—手轮　6—销　7—沉头螺钉

图 8-6 所示是为加工车床溜板箱上孔系而设计的盖板式钻模。工件在圆柱销 2、削边销 3 和三个支承钉 4 上定位。由于必须经常搬动，故需要设置把手或吊耳，并尽可能减轻质量。如图 8-6 所示，在不重要处挖出三个大圆孔以减小质量。

（6）滑柱式钻模　滑柱式钻模是带有升降钻模板的通用可调夹具，如图 8-7 所示。钻模板 4 上除可安装钻套外，还装有可以在夹具体 3 的孔内上下移动的滑柱 1 及齿条滑柱 2，借助于齿条的上下移动，可对安装在底座平台上的工件进行夹紧或松开。钻模板上下移动的动力有手动和气动两种。

为保证工件的加工与装卸，当钻模板夹紧工件或升至一定高度后应能自锁。

图 8-7d 所示为圆锥锁紧机构的工作原理图。齿轮轴 5 的左端制成螺旋齿，与滑柱上的螺旋齿条相啮合，其螺旋角为 45°。轴的右端制成双向锥体，锥度为 1∶5，与夹具体 3 及套

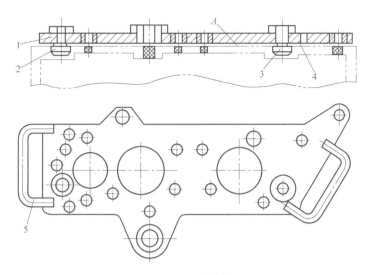

图 8-6　盖板式钻模

1—盖板　2—圆柱销　3—削边销　4—支承钉　5—把手

环 7 上的锥孔相配合。当钻模板下降夹紧工件时，在齿轮轴上产生轴向分力使锥体锁紧在夹具体的锥孔中实现自锁。当加工完毕，钻模板上升到一定高度，轴向分力使另一段锥体楔紧在套环 7 的锥孔中，将钻模板锁紧，以免钻模板因本身自重而下降。

滑柱式钻模适用于钻铰中等精度的孔和孔系，操作方便、迅速，其通用结构已标准化、系列化，可向专业厂购买。使用部门仅需设计定位、夹紧和导向元件，从而缩短设计制造周期。滑柱式钻模的结构尺寸，可查阅"夹具手册"。

图 8-8 所示为滑柱钻模的应用实例，可用它加工杠杆类零件上的孔。工序简图如右下方所示，孔的两端面已经加工，工件在支承 1 的平面、

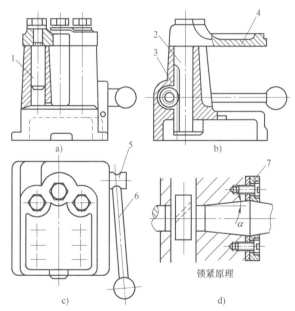

图 8-7　滑柱式钻模的通用结构

1—滑柱　2—齿条滑柱　3—夹具体　4—钻模板
5—齿轮轴　6—手柄　7—套环

定心夹紧套 3 的二锥爪和防转定位支架 2 的槽中定位；钻模板下降时，通过定心夹紧套 3 使工件定心夹紧。支承 1 上的三锥爪仅起预定位作用。

2. 钻床夹具的设计要点

（1）钻模类型的选择　钻模的类型很多，在设计钻模时，首先要根据工件的形状、尺

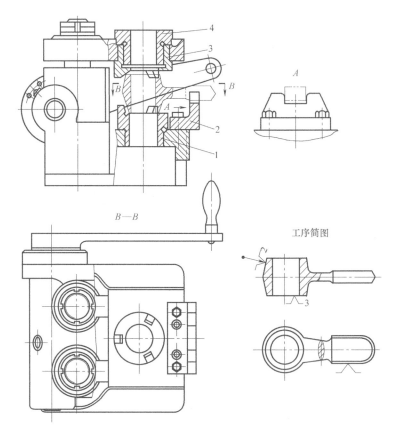

图 8-8　加工杠杆类零件的滑柱钻模
1—支承　2—防转定位支架　3—定心夹紧套　4—钻套

寸、重量、加工要求和批量来选择钻模的结构类型。选择时注意以下几点：

1）在立式钻床上加工直径小于 10mm 的小孔或孔系、钻模质量小于 15kg 时，一般采用移动式普通钻模。

2）在立式钻床上加工直径大于 10mm 的单孔或在摇臂钻床上加工较大的平行孔系，或钻模质量超过 15kg 时，加工精度要求高时，一般采用固定式普通钻模。

3）翻转式钻模适用于加工中、小型工件，包括工件在内所产生的总重力不宜超过 100N。

4）对于孔的垂直度精度和孔距要求不高的中、小型工件，有条件时宜优先采用滑柱式钻模。

5）钻模板和夹具体为焊接式的钻模，因焊接应力不能彻底消除，精度不能长期保持，故一般在工件孔距公差要求不高（大于 ±0.1mm）时才采用。

6）床身、箱体等大型工件上的小孔的加工，一般采用盖板式钻模。

（2）钻套　钻套是钻模上特有的元件，用来引导刀具以保证被加工孔的位置精度和提高工艺系统的刚度。

1）钻套类型。钻套可分为标准钻套和特殊钻套两大类。其中，已列入国家标准的钻套称为标准钻套，其结构参数、材料、热处理等可查"夹具标准"或"夹具手册"。标准钻套又分为固定钻套、可换钻套和快换钻套三种。

① 固定钻套（JB/T 8045.1—1999）如图 8-9a、b 所示，分 A、B 型两种，钻套安装在钻模板或夹具体中，其配合为 $\frac{H7}{n6}$ 或 $\frac{H7}{r6}$。固定钻套结构简单，钻孔精度高，适用于单一钻孔工序和小批生产，结构尺寸参看"夹具手册"。

② 可换钻套（JB/T 8045.2—1999）如图 8-9c 所示。当工件为单一钻孔工步、大批量生产时，为便于更换磨损的钻套，选用可换钻套。钻套与衬套（JB/T 8045.4—1999）之间采用 $\frac{F7}{m6}$ 或 $\frac{F7}{k6}$ 配合，衬套与钻模板之间采用 $\frac{H7}{n6}$ 配合。当钻套磨损后，可卸下螺钉（JB/T 8045.5—1999），更换新的钻套。螺钉能防止钻套加工时转动及退刀时脱出。衬套结构尺寸可参看"夹具手册"。

③ 快换钻套（JB/T 8045.3—1999）如图 8-9d 所示。当工件需钻、扩、铰多工步加工时，为能快速更换不同孔径的钻套，应选用快换钻套。更换钻套时，将钻套缺口转至螺钉处，即可取出钻套。削边的方向应考虑刀具的旋向，以免钻套自动脱出。快换钻套的结构尺寸参看"夹具手册"。

因工件的形状或被加工孔的位置需要而不能使用标准钻套时，需自行设计的钻套称为特殊钻套。常见的特殊钻套如图 8-10 所示。图 8-10a 所示为加长钻套，在加工凹面上的孔时使用。为减少刀具与钻套的摩擦，可将钻套引导高度 H 以上的孔径放大。图 8-10b 所示为斜面钻套，用于在斜面或圆弧面上钻孔，排屑空间的高度 $h<0.5\text{mm}$，可增加钻头刚度，避免钻头引偏或折断。图 8-10c 所示为小孔距钻套，用定位销确定钻套方向。图 8-10d 所示为兼有定位与夹紧功能的钻套，钻套与衬套之间一段为圆柱间隙配合，一段为螺纹联接，钻套下端为内锥面，具有对工件定位、夹紧和引导刀具三种功能。

2）钻套的尺寸、公差及材料。一般钻套导向孔的公称尺寸取刀具的上极限尺寸，钻孔时其公差取 F7 或 F8，粗铰孔时公差取 G7，精铰孔时公差取 G6。若被加工孔为基准孔（如 H7、H9）时，钻套导向孔的公称尺寸可取被加工孔的公称尺寸，钻孔时其公差取 F7 或 F8 时，铰 H7 孔时取 F7，铰 H9 孔时取 F8。若刀具用圆柱部分导向（如接长扩孔钻、铰刀等）时，可采用 $\frac{H7}{f7(g6)}$ 配合。

钻套的高度 H 增大，则导向性能好，刀具刚度提高，加工精度高，但钻套与刀具的磨损加剧。一般取 $H=(1\sim2.5)d$。

排屑空间 h 指钻套底部与工件表面之间的空间。增大 h 值，排屑方便，但刀具的刚度和孔的加工精度都会降低。钻削易排屑的铸铁时，常取 $h=(0.3\sim0.7)d$；钻削较难排屑的钢件时，常取 $h=(0.7\sim1.5)d$。工件精度要求高时，可取 $h=0$，使切屑全部从钻套中排出。

在加工过程中，钻套与刀具会产生摩擦，故钻套必须有很高的耐磨性。当钻套孔径 $d\leqslant26\text{mm}$ 时，用 T10A 钢制造，热处理硬度为 $58\sim64\text{HRC}$；当 $d>26\text{mm}$ 时，用 20 钢制造，渗碳深度为 $0.8\sim1.2\text{mm}$，热处理硬度为 $58\sim64\text{HRC}$。钻套的材料参看有关的夹具手册。

（3）钻模板　钻模板用于安装钻套，并确保钻套在钻模上的正确位置。常见的钻模板有以下几种：

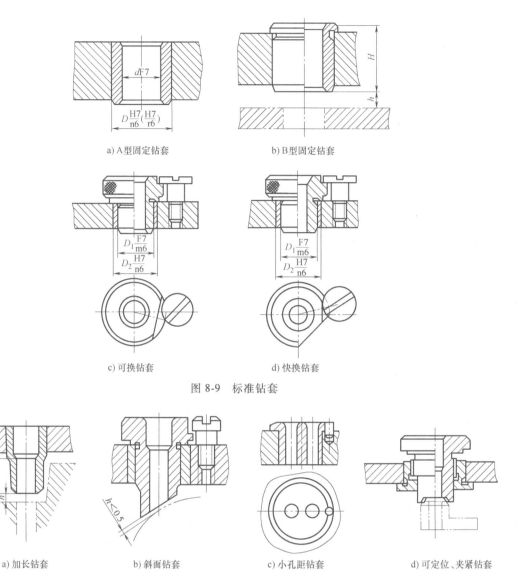

a) A型固定钻套　　　　　　b) B型固定钻套

c) 可换钻套　　　　　　d) 快换钻套

图 8-9　标准钻套

a) 加长钻套　　　b) 斜面钻套　　　c) 小孔距钻套　　　d) 可定位、夹紧钻套

图 8-10　特殊钻套

1）固定式钻模板。固定在夹具体上的钻模板称为固定式钻模板。图 8-11a 所示为钻模板与夹具体铸成一体；图 8-11b 所示为钻模板与夹具体焊接成一体；图 8-11c 所示为用螺钉和销钉联接的钻模板，这种钻模板可在装配时调整位置，因而使用较广泛。固定式钻模板结构简单、钻孔精度高。

2）铰链式钻模板。当钻模板妨碍工件装卸或钻孔后需攻螺纹时，可采用如图 8-12 所示的铰链式钻模板。铰链销 1 与钻模板 5 的销孔采用 $\dfrac{G7}{h6}$ 配合，与铰链座 3 的销孔采用 $\dfrac{N7}{h6}$ 配合。

钻模板 5 与铰链座 3 之间采用 $\dfrac{H8}{g7}$ 配合。钻套导向孔与夹具安装面的垂直度精度可通过调整两个支承钉 4 的高度加以保证。加工时，钻模板 5 由菱形销 6 锁紧。由于铰链销孔之间存在配合间隙，用此类钻模板加工的工件精度比固定式钻模板低。

3）可卸式钻模板。钻模板与夹具体分离，钻模板在工件上定位，并与工件一起装卸，如图 8-13 所示，可卸钻模板以两孔在夹具体上的圆柱销 3 和菱形销 4 上定位，并用铰链螺栓将钻模板和工件一起夹紧。加工完毕需将钻模板卸下，才能装卸工件。

使用这类钻模板时，装卸钻模板费力，钻套的位置精度低，故一般多在使用其他类型钻模板不便于装夹工件时才采用。

4）悬挂式钻模板。在立式钻床或组合机床上用多轴传动头加工平行孔系时，钻模板连接在机床主轴的传动箱上，随机床主轴上下移动靠近或离开工件，这种结构简称为悬挂式钻模板。如图 8-14 所示钻模板 2 的位置由导向滑柱 4 来确定，并悬挂在滑柱 4 上。通过弹簧 3 和横梁 5 与机床主轴箱连接。当主轴下移时，钻模板沿着导向滑柱 4 一起下移，刀具顺着导向套加工。加工完毕后，主轴上移，钻模板随之一起上移，导向滑柱 4 上的弹簧 3 主要用于通过钻模板压紧工件。

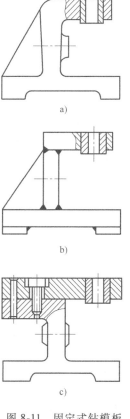

图 8-11　固定式钻模板

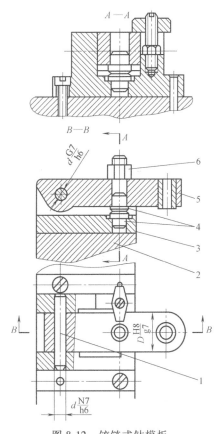

图 8-12　铰链式钻模板

1—铰链销　2—夹具体　3—铰链座　4—支承钉
5—钻模板　6—菱形销

设计钻模板时应注意以下几点：

1）钻模板上安装钻套的孔之间及孔与定位元件的位置应有足够的精度。

2）钻模板应具有足够的刚度，以保证钻套位置的准确性，但又不能设计得太厚、太重。注意布置加强肋以提高钻模板的刚度。钻模板一般不应承受夹紧反力。

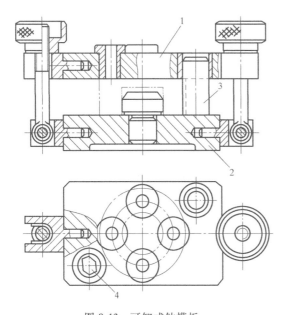

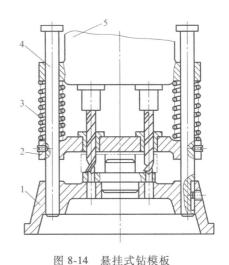

图 8-13　可卸式钻模板

1—可卸式钻模板　2—夹具体　3—圆柱销　4—菱形销

图 8-14　悬挂式钻模板

1—底座　2—钻模板　3—弹簧　4—导向滑柱　5—横梁

3）为保证加工的稳定性，悬挂式钻模板导杆上的弹簧力必须足够，以便钻模板在夹具上维持足够的定位压力。如果钻模板本身产生的重力超过 800N，则导杆上可不装弹簧。

（4）钻床夹具支脚设计　为减少夹具底面与机床工作台的接触面积，使夹具放置平稳，如翻转式、移动式等钻模一般都在相对钻头送进方向的夹具体上设置支脚，其结构形式如图 8-15 所示。根据需要，支脚的断面可采用矩形或圆柱形。支脚可和夹具体做成一体，也可做成装配式的，但要注意以下几点：

1）支脚必须有四个，因有四个支脚能立即发现夹具是否放歪。

2）矩形支脚的宽度或圆柱支脚的直径必须大于机床工作台 T 形槽的宽度，以免陷入槽中。

3）夹具的重心、钻削压力必须落在四个支脚所形成的支承面内。

4）钻套轴线应与支脚所形成的支承面垂直或平行，使钻头能正常工作，防止其折断，同时还能保证被加工孔的位置精度。

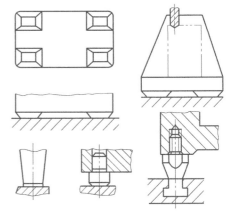

图 8-15　钻床夹具的支脚

装配式支脚已标准化，标准中规定了螺纹规格为 M4～M20 的低支脚（JB/T 8028.1—1999）和螺纹规格为 M8～M20 的高支脚 JB/T 8028.2—1999。

▶【任务实施】

通过分析，采用了固定式钻模来加工工件，图 8-16 所示为加工套类零件的钻床夹具图。加工时选定工件以端面 N 和 ϕ68H7 内圆表面为定位基面，分别在定位法兰 4、ϕ68h6 短

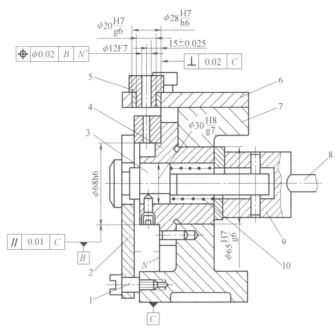

图 8-16 加工套类零件的钻床夹具图

1—螺钉 2—转动开口垫圈 3—拉杆 4—定位法兰 5—快换钻套
6—钻模板 7—夹具体 8—手柄 9—偏心凸轮 10—弹簧

外圆柱面和端面 N' 上定位，限制了工件 5 个自由度。工件安装后扳动手柄 8 借助圆偏心凸轮 9 的作用，通过拉杆 3 与转动开口垫圈 2 夹紧工件。反方向扳动手柄 8，拉杆 3 在弹簧 10 的作用下松开工件。为保证零件本工序的加工要求，在制订零件加工工艺规程和设计夹具时，采取以下措施：

1）孔 $\phi12H8$（$^{+0.027}_{0}$）的尺寸精度与表面粗糙度以钻、扩、铰工艺方法和一定精度等级的铰刀保证。

2）孔的位置尺寸（15±0.1）mm 由夹具上定位法兰 4 的限位端面 N' 至快换钻套 5 的中心线之间距离尺寸（15±0.025）mm 保证。

3）对称度公差 0.1 mm 和垂直度公差 0.05 mm 由夹具的相应制造精度保证。

任务二 摇臂零件孔加工的钻床夹具设计

▶【任务描述】

如图 8-17 所示摇臂零件图，需要加工 2 个 M8×1.5-7H 的螺孔，工件材料为球墨铸铁 QT400-15，毛坯为铸件，大批生产，试设计钻床夹具。

▶【任务分析】

摇臂的材料为 QT400-15，大批生产，零件形状比较复杂，其他各表面已经加工过，要求设计加工 2 个斜螺纹孔 M8×1.5-7H 的专用夹具。

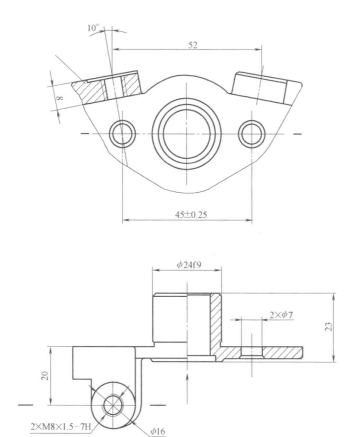

图 8-17　摇臂零件图

本工序可先在钻床上用 $\phi 6.7$mm 钻头钻孔，再用 M8-7H 丝锥加工该零件的螺孔。主要的难点就是如何保证两个斜孔在一套夹具中加工完成，尤其要注意其位置要求，特别是操作要快捷方便。

【任务实施】

如图 8-18 所示，这套夹具以 $\phi 24$f7 的外圆及端面作为定位基准面，定位元件为定位套 2、5 及菱形销 1。夹紧装置采用一组快卸压板 7 压紧，靠用手动旋转滚花螺母 8 带动压块压紧工件。拆卸工件时旋松滚花螺母，带动压块脱离工件后，把压板扳转开一定的角度，即可卸下工件，使工件装卸快速、准确。夹具体 4 采用 HT200 制造，价格低、吸振性好，与定位夹紧元件用销轴和锁紧螺钉联接，销轴和螺钉采用标准件。夹具体底板加工精度要求高，因为它要作为基准面与机床工作台面结合。

在加工前，把工件安装到各定位面上，并用快卸压板 7 夹紧，摆动式钻模板右边的销座顶到定位套 2 的端面上，用锁紧螺钉锁紧，即可加工第一个孔；在加工完第一个孔后，把左边的锁紧螺钉 3 松开，扳动摆动式钻模板转动，至摆动式钻模板销座接触到左边定位套端面上，锁紧左边的锁紧螺钉即可加工第二个孔。钻套采用快换钻套，以保证钻孔后即可攻螺纹。

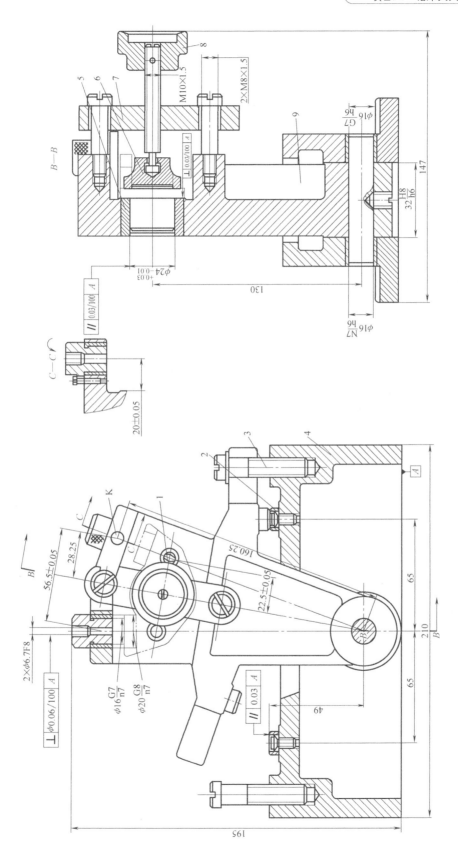

图 8-18　摇臂钻孔夹具图

1—菱形销　2、5—定位套　3—锁紧螺钉　4—夹具体　6—压块　7—快卸压板　8—滚花螺母　9—摆动架虽然夹具结构略显复杂，但能保证加工精度，产品合格率大为提高，生产效率高，减少辅助时间，批量生产中显示出经济性。

任务三　踏板零件孔加工的钻床夹具设计

▶【任务描述】

如图 8-19 所示踏板零件图，需要加工 2×φ8H7 的孔，工件材料为灰铸铁 HT300，毛坯为铸件，大批生产，试设计钻床夹具。

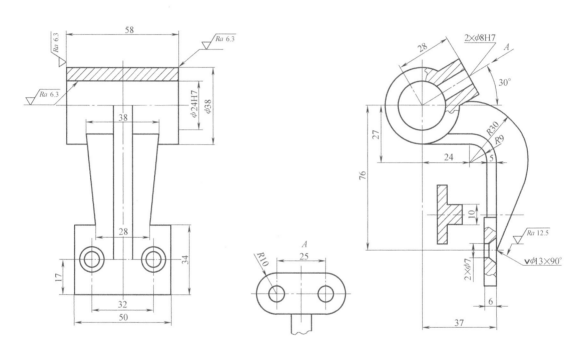

图 8-19　踏板零件图

▶【任务分析】

零件为踏板零件，零件外形尺寸不大，材料为 HT300，需要加工 2×φ8H7 的孔，其他各表面已经加工过，φ24H7 孔及端面可作为定位基准面。

▶【任务实施】

如图 8-20 所示，先将挡块 6 安装到夹具体 1 底板上，用两根圆锥销和两根内六角螺钉对角固定挡块。

将工件装在定位轴 11 上，将其与夹具体 1 装配好，再两端套上垫圈 9 后用螺母 10 将工件夹紧。

接着将钻模板 2 用内六角螺钉和圆锥销固定在夹具体 1 上，最后把衬套 5 和可换钻套 4 安装到要加工孔的位置，用螺钉 3 将可换钻套压紧固定。

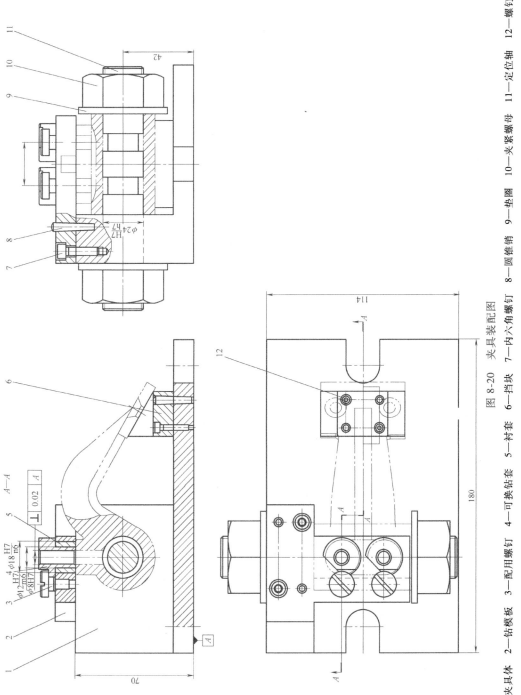

图 8-20 夹具装配图

1—夹具体 2—钻模板 3—配用螺钉 4—可换钻套 5—衬套 6—挡块 7—内六角螺钉 8—圆锥销 9—垫圈 10—夹紧螺母 11—定位轴 12—螺钉

将整个夹具安装到钻床的工作台上，用 T 形螺栓通过夹具体 1 的 U 形口将夹具夹紧。钻床主轴装好钻头，通过快换钻套 4，就可以加工 $\phi8mm$ 的孔了。

思考与练习题

1. 什么是钻床夹具？

2. 钻床夹具主要有哪些类型？

3. 简述钻床夹具的设计要点。

4. 选择钻模的结构类型应注意哪些方面？

5. 钻套有哪些类型？

6. 钻模板有哪些类型？设计钻模板时应注意哪些方面？

7. 加工图 8-21 所示工件中的 $\phi10H9$ 孔，保证图示加工要求，试确定夹具的设计方案。

8. 加工图 8-22 所示工件中的 $\phi10H7$ 孔，保证图示加工要求，其余表面均已加工，试确定夹具的设计方案。

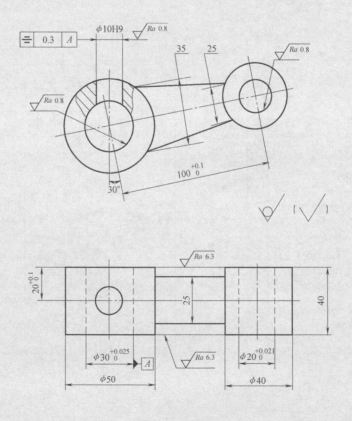

图 8-21　题 7 图

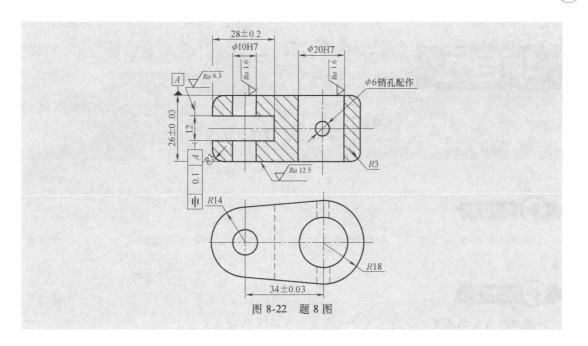

图 8-22　题 8 图

项目九

镗床夹具的设计

▶【项目描述】

根据所给的零件工序图，分析零件本工序的加工要求，设计出能满足加工要求的镗床夹具。

▶【技能目标】

能根据所给的零件工序图，设计出满足加工要求的镗床夹具。

▶【知识目标】

1. 掌握镗床专用夹具的分类。
2. 掌握镗床专用夹具的设计要点。

▶【任务描述】

如图 9-1 所示，支架壳体零件本工序加工 2×φ20H7、φ35H7 和 φ40H7 共四个孔。其中 φ35H7 和 φ40H7 采用粗精镗，2×φ20H7 孔采用钻、扩、铰的方法加工。工件材料为 HT200，毛坯为铸件，大批量生产。

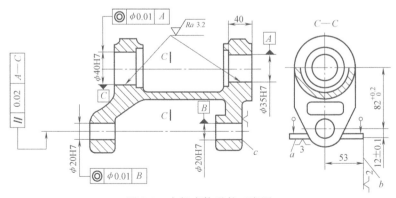

图 9-1 支架壳体零件工序图

▶【任务分析】

零件加工要求如下：

1）φ20H7 孔到 a 面的距离为（12±0.1）mm，φ20H7 孔轴线和 φ35H7 孔、φ40H7 孔轴

线中心距为 $82^{+0.2}_{0}$ mm。

2）$\phi35H7$ 孔与 $\phi40H7$ 孔、2 个 $\phi20H7$ 孔之间同轴度公差均为 $\phi0.01$mm。

3）$2\times\phi20H7$ 孔轴线对 $\phi35H7$ 孔和 $\phi40H7$ 孔公共轴线的平行度公差为 0.02mm。

本任务设计支架壳体零件镗孔镗床夹具。

【相关知识】

1. 镗床夹具的主要类型

镗床夹具又称镗模，主要用于加工箱体、支架类零件上的孔或孔系，它不仅可在各类镗床上使用，也可在组合机床上使用。

零件镗孔镗床夹具使用的机床是卧式镗床，如图 9-2 如示。

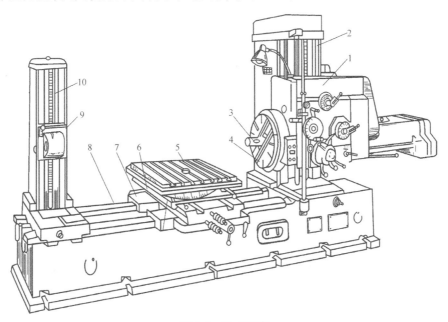

图 9-2　卧式镗床

1—主轴箱　2—前立柱　3—主轴　4—平旋盘　5—工作台
6—上滑座　7—下滑座　8—床身　9—后支架　10—立柱

镗模的结构与钻模相似，一般用镗套作为导向元件引导镗孔刀具或镗杆进行镗孔。镗套按照被加工孔或孔系的坐标位置布置在镗模支架上。按镗模支架在镗模上的布置形式的不同，可分为双支承镗模和单支承镗模等。

（1）双支承镗模　双支承镗模上有两个引导镗刀杆的支承，镗杆与机床主轴采用浮动连接，镗孔的位置精度由镗模保证，消除了机床主轴回转误差对镗孔精度的影响。

1）前后双支承镗模。图 9-3 所示为镗削泵体上两个相互垂直的孔及端面用的夹具。夹具经找正后紧固在卧式镗床的工作台上，可随工作台一起移动和转动。工件以 A、B 面在支承板 1、2、3 上定位，C 面在挡块 4 上定位，实现六点定位。夹紧时先用螺钉 8 将工件预压后，再用四个钩形压板 5 压紧。两镗杆的两端均有镗套 6 支承及导向。镗好一个孔后，镗床工作台回转 90°，再镗第二个孔。夹具上设置的起吊螺栓 9 便于夹具的吊装和搬运。

前后双支承镗模应用得最普遍，一般用于镗削孔径较大、孔的长径比 $L/D>1.5$ 的通孔或孔系，其加工精度较高，但更换刀具不方便。

当工件同一轴线上孔数较多，且两支承间距离 $L>10d$ 时，在镗模上应增加中间支承，以提高镗杆的刚度（d 为镗杆直径）。

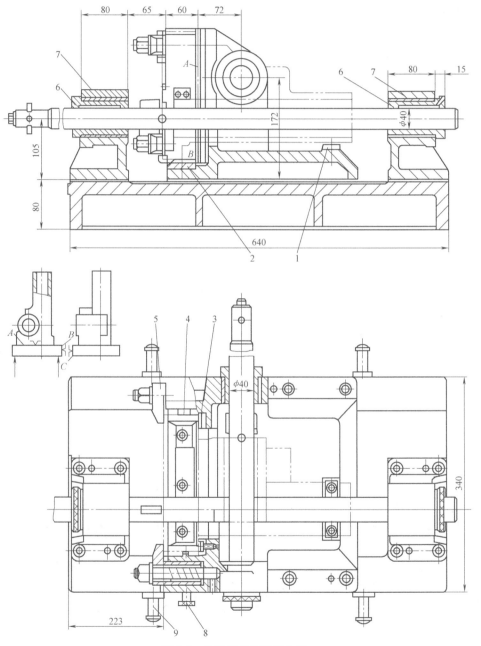

图 9-3　前后双支承镗床夹具

1、2、3—支承板　4—挡块　5—钩形压板　6—镗套　7—镗模支架　8—螺钉　9—起吊螺栓

2）后双支承镗模。图 9-4 所示为后双支承镗模示意图，两个支承设置在刀具的后方，

镗杆与主轴浮动连接。为保证镗杆的刚性，镗杆的悬伸量 L_1<5d；为保证镗孔精度，两个支承的导向长度 L>(1.25~1.5)L_1。后双支承镗模可在箱体的一个壁上镗孔，此类镗模便于装卸工件和刀具，也便于观察和测量。

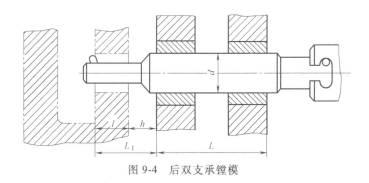

图 9-4　后双支承镗模

（2）单支承镗模　这类镗模只有一个导向支承，镗杆与主轴采用固定连接，采用莫氏锥度配合。安装镗模时，应使镗套轴线与机床主轴轴线重合。主轴的回转精度将影响镗孔的精度。根据支承相对于刀具的位置，单支承镗模又可分为以下两种：

1）前单支承镗模。图 9-5 所示为采用前单支承镗孔，镗模支承设置在刀具的前方，主要用于加工孔径 D>60mm、加工长度 L<D 的通孔。一般镗杆的导向部分直径 d<D。因导向部分直径不受加工孔径大小的影响，故在多工步加工时，可不更换镗套。这种布置也便于在加工中观察和测量。

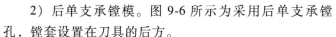

图 9-5　前单支承镗孔

2）后单支承镗模。图 9-6 所示为采用后单支承镗孔，镗套设置在刀具的后方。

当镗削 D<60mm、L<D 的通孔或不通孔时，如图 9-6a 所示，可使镗杆导向部分的尺寸 d>D。这种形式的镗杆刚度好，加工精度高，装卸工件和更换刀具方便，多工步加工时可不更换镗杆。

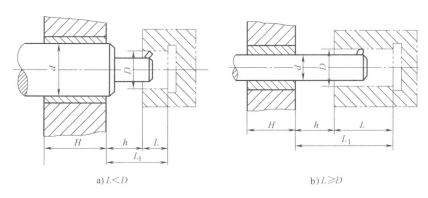

a) L<D　　　　　　　　　　b) L≥D

图 9-6　后单支承镗孔

当加工孔长度 $L=(1\sim1.25)D$ 时，如图 9-6b 所示，应使镗杆导向部分直径 $d<D$，以便镗杆导向部分可进入加工孔，从而缩短镗套与工件之间的距离 h 及镗杆的悬伸长度 L_1。

为便于刀具及工件的装卸和测量，单支承镗模的镗套与工件之间的距离 h 一般在 20~80mm 之间，常取 $h=(0.5\sim1.0)D$。

（3）无支承镗床夹具　工件在刚性好、精度高的金刚镗床、坐标镗床或卧式加工中心上镗孔时，夹具上不设置镗模支承，加工孔的尺寸和位置精度均由镗床保证。这类夹具只需设计定位装置、夹紧装置和夹具体即可。

图 9-7 所示为镗削曲轴轴承孔的金刚镗床夹具。在卧式双头金刚镗床上，同时加工两个工件。工件以两主轴颈及其一端面在两个 V 形块 1、3 上定位。安装工件时，将前一个曲轴颈放在转动叉形块 7 上，在弹簧 4 的作用下，转动叉形块 7 使工件的定位端面紧靠在 V 形块 1 的侧面上。当液压缸活塞 5 向下运动时，带动活塞杆 6 和浮动压板 8、9 向下运动，使四个浮动压块 2 分别从两个工件的主轴颈上方压紧工件。当活塞上升松开工件时，活塞杆带动浮动压板 8 转动 90°，以便装卸工件。

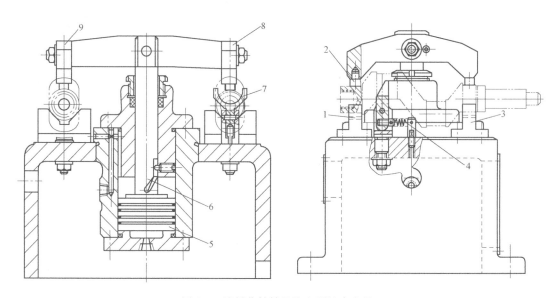

图 9-7　镗削曲轴轴承孔金刚镗床夹具
1、3—V 形块　2—浮动压块　4—弹簧　5—活塞　6—活塞杆　7—转动叉形块　8、9—浮动压板

2. 镗床夹具设计要点

（1）镗套的选择和设计

1）镗套的结构形式。镗套的结构形式和精度直接影响被加工孔的加工精度和表面粗糙度，因此应根据工件的不同加工要求和加工条件合理设计或选用，常用的镗套有以下两类：

① 固定式镗套。图 9-8 所示为标准的固定式镗套，与快换钻套结构相似，加工时镗套不随镗杆转动。A 型不带油杯和油槽，靠镗杆上开的油槽润滑；B 型则带油杯和油槽，使镗杆和镗套之间能充分地润滑。

固定式镗套外形尺寸小、结构简单、精度高，但镗杆在镗套内一面回转，一面做轴向移动，镗套容易磨损，故只适用于低速镗孔。一般摩擦面线速度 $v<0.3\mathrm{m/s}$。固定式镗套的导向长度 $L=(1.5\sim2)d$。为了减轻镗套与镗杆工作表面的磨损，可以采取以下措施：

a. 在镗套或镗杆的工作表面应开有油槽，润滑油可由支架上的油杯滴入，若镗套自带润滑油孔，可用油枪注入润滑油（图 9-8 所示的 B 型镗套）。

b. 在镗杆上镶淬火钢条。这种结构的镗杆与镗套接触面不大，工作情况较好。

c. 选用耐磨的镗套材料，如青铜、粉末冶金等。

② 回转式镗套。回转式镗套随镗杆一起转动，镗杆与镗套之间只有相对移动而无相对转动，从而减少了镗套的磨损，不会因摩擦发热出现"卡死"现象。因此，这类镗套适用于高速镗孔。

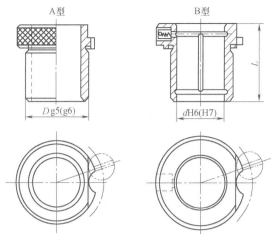

图 9-8　固定式镗套

回转式镗套又分为滑动式和滚动式两种。

图 9-9a 所示为滑动式回转镗套，镗套 1 可在滑动轴承 2 内回转，镗模支架 3 上设置油杯，经油孔将润滑油送到回转副，使其充分润滑。镗套中间开有键槽，镗杆上的键通过键槽带动镗套回转。这种镗套的径向尺寸较小，适用于中心距较小的孔系加工，且回转精度高，减振性好，承载能力大，但需要充分润滑。摩擦面线速度不能大于 0.3～0.4m/s，常用于精加工。

图 9-9b 所示为滚动式回转镗套，镗套 6 支承在两个滚动轴承 4 上，轴承安装在镗模支架 3 的轴承孔中，轴承孔两端分别用轴承端盖 5 封住。这种镗套由于采用了标准的滚动轴承，所以设计、制造和维修方便，而且对润滑要求较低，镗杆转速可大大提高，一般摩擦面线速度 $v>0.4$m/s，但径向尺寸较大，回转精度受轴承精度的影响。可采用滚针轴承以减小径向尺寸，采用高精度轴承以提高回转精度。

图 9-9c 所示为立式镗孔用的回转镗套，它的工作条件差。为避免切屑和切削液落入镗套，需设置防护罩。为承受轴向推力，一般采用圆锥滚子轴承。

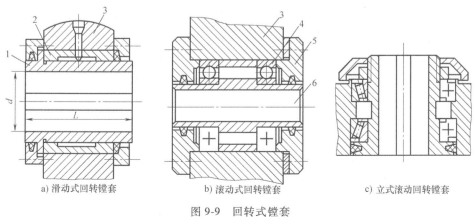

a) 滑动式回转镗套　　　　b) 滚动式回转镗套　　　　c) 立式滚动回转镗套

图 9-9　回转式镗套

1、6—镗套　2—滑动轴承　3—镗模支架　4—滚动轴承　5—轴承端盖

滚动式回转镗套一般用于镗削孔距较大的孔系，当被加工孔径大于镗套孔径时，需在镗套上开引刀槽，使装好刀的镗杆能顺利进入。为确保镗刀进入引刀槽，镗套上有时设置尖头键，如图 9-10 所示。

回转式镗套的导向长度 $L = (1.5\sim3)d$，其结构设计可参考相关的"夹具手册"。

2）镗套的材料及主要技术要求。实际工作中，若需要设计非标准固定式镗套时，其材料及主要技术要求的确定可参考下列原则：

镗套的材料常用 20 钢或 20Cr 钢，渗碳深度为 0.8~1.2m，淬火硬度为 55~60HRC。一般情况下，镗套的硬度应低于镗杆的硬度。若用磷青铜作为固定式镗套，因为减摩

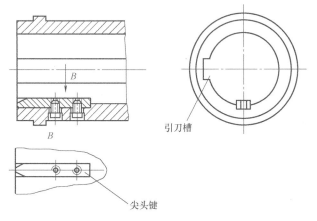

图 9-10　回转镗套的引刀槽及尖头键

性好而不易与镗杆咬住，可用于高速镗孔，但成本较高。对于大直径镗套，或单件小批生产用的镗套，也可采用铸铁（HT200）材料。目前也有用粉末冶金制造的耐磨镗套。

镗套的衬套也用 20 钢制成，渗碳深度为 0.8~1.2mm，淬火硬度为 58~64HRC。

镗套的主要技术要求，一般规定为：

① 镗套内径公差带为 H6 或 H7。外径公差带，粗加工采用 g6，精加工采用 g5。

② 镗套内孔与外圆的同轴度公差：当内径公差带为 H7 时，其与外圆的同轴度公差为 $\phi0.01mm$；当内径公差带为 H6 时，其与外圆的同轴度公差为 $\phi0.005mm$（外径小于 85mm 时）或 $\phi0.01mm$（外径大于或等于 85mm 时）。内孔的圆度、圆柱度允差一般为 0.01~0.002mm。

③ 镗套内孔表面粗糙度值为 $Ra0.8\mu m$ 或 $Ra0.4\mu m$；外圆表面粗糙度值为 $Ra0.8\mu m$。

④ 镗套用衬套的内径公差带，粗加工采用 H7，精加工采用 H6。衬套的外径公差带为 n6。

⑤ 衬套内孔与外圆的同轴度公差：当内径公差带为 H7 时，其与外圆的同轴度公差为 $\phi0.01mm$；当内径公差带为 H6 时，其与外圆的同轴度公差为 $\phi0.005mm$（外径小于 52mm 时）或 $\phi0.01mm$（外径大于或等于 52mm 时）。

（2）镗杆与浮动接头　镗床夹具与刀具、辅助工具有着密切的联系，设计前应先把刀具和辅助工具的结构形式确定下来，否则设计出来的夹具可能无法使用。镗床使用的辅助工具很多，如镗杆、镗杆接头、对刀装置等。这里只介绍与镗模设计有直接关系的镗杆以及浮动接头的结构。

1）镗杆导引部分。图 9-11 所示为用于固定式镗套的镗杆导向部分的结构。当镗杆导向部分直径 $d<50mm$ 时，常采用整体式结构。图 9-11a 所示为开油槽的镗杆，镗杆与镗套的接触面积大，磨损大，若切屑从油槽内进入镗套，则易出现"卡死"现象，但镗杆的刚度和强度较好。

图 9-11b、c 所示为有较深直槽和螺旋槽的镗杆，这种结构可大大减少镗杆与镗套的接

触面积，沟槽内有一定的存屑能力，可减少"卡死"现象，但其刚度较低。

当镗杆导向部分直径 $d>50$ mm 时，常采用如图 9-11d 所示的镶条式结构。镶条应采用摩擦因数小和耐磨的材料，如铜或钢。镶条磨损后，可在底部加垫片，重新修磨使用。这种结构的摩擦面积小，容屑量大，不易"卡死"。

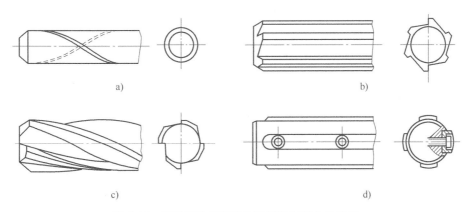

a)　　　　　　　　　　b)

c)　　　　　　　　　　d)

图 9-11　用于固定式镗套的镗杆导向部分的结构

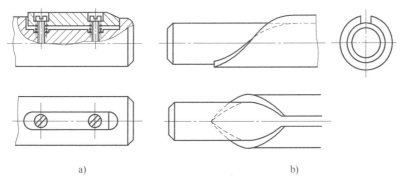

a)　　　　　　　　　　b)

图 9-12　用于回转式镗套的镗杆引进结构

图 9-12 所示为用于回转式镗套的镗杆引进结构。图 9-12a 在镗杆前端设置平键，键下装有压缩弹簧，键的前部有斜面，适用于开有键槽的镗套。无论镗杆以何位置进入镗套，平键均能自动进入键槽，带动镗套回转。图 9-12b 所示的镗杆上开有键槽，其头部做成小于 45°的螺旋引导结构，可与图 9-10 所示的装有尖头键的镗套配合使用。

2）镗杆直径和轴向尺寸。镗杆与加工孔之间应有足够的间隙，以容纳切屑。镗杆的直径一般按经验公式 $d=(0.7\sim0.8)D$ 选取，也可查表 9-1。

表 9-1　镗孔直径 D、镗杆直径 d 与镗刀截面 $B\times B$ 的尺寸关系　（单位：mm）

D	30~40	40~50	50~70	70~90	90~100
d	20~30	30~40	40~50	50~65	65~90
$B\times B$	8×8	10×10	12×12	16×16	20×20

表 9-1 中所列镗杆直径的范围，在加工小孔时取大值；在加工大孔时，若导向良好、切削负荷小，则可取小值；一般取中间值，若导向不良，切削负荷大时可取大值。

若镗杆上安装几把镗刀，为了减少镗杆的变形，可采用对称装刀法，使径向切削力平衡。

3）镗杆的材料及主要技术要求。要求镗杆表面硬度高而内部有较好的韧性，因此采用 20 钢、20Cr 钢，渗碳淬火硬度为 58～62HRC；也可用 38CrMoAlA 钢，但热处理工艺复杂；大直径的镗杆，还可采用 45 钢、40Cr 钢或 65Mn 钢。

镗杆的主要技术要求一般规定为：

① 镗杆导向部分的直径公差带为：粗镗时取 g6，精镗时取 g5、n5。表面粗糙度值为 $Ra0.8\mu m$ 或 $Ra0.4\mu m$。

② 镗杆导向部分直径的圆度与锥度公差控制在直径公差的 1/2 以内。

③ 镗杆在 500mm 长度内的直线度公差为 0.01mm。

④ 装刀的刀孔对镗杆中心的对称度公差为 0.01～0.1mm；垂直度公差为（0.01～0.02）/100mm。刀孔表面粗糙度一般为 $Ra1.6\mu m$，装刀孔不淬火。

以上介绍的有关镗套与镗杆的技术条件，是指设计新镗杆与镗套时的参考资料。实际上，由于镗杆的制造工艺复杂，精度要求高，制造成本远高于镗套，所以在已有镗杆的情况下，一般都是用镗套去配镗杆。

在加工精度要求很高时，为了提高配合精度，也采用镗套按镗杆尺寸配作的方法（镗套与衬套配合也相应配作）。此时应保证镗套与镗杆的配合间隙小于 0.01mm，并应用于低速加工中。

4）浮动接头。采用双支承镗模镗孔时，镗杆均采用浮动接头与机床主轴连接，图 9-13 所示为常用的浮动接头结构。镗杆 1 上的拨动销 3 插入接头体 2 的槽中，镗杆与接头体之间留有浮动间隙，接头体的锥柄安装在主轴锥孔中。主轴的回转可通过接头体、拨动销传给镗杆。

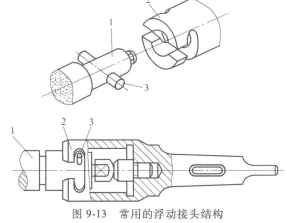

图 9-13 常用的浮动接头结构
1—镗杆　2—接头体　3—拨动销

图 9-14 所示为镗杆示例图，镗杆 2 支承在前后两个镗套 1 中，镗杆上开有键槽，通过键 3 带动镗套回转。镗刀 8 是在镗杆安装之后装上的，通过螺钉 5 可调整其伸出长度，以保证孔径的尺寸精度。工件上的孔镗好后，再装上刮刀 4，刮削孔的端面，保证端面与孔轴线垂直。

（3）镗模支架和底座的设计　镗模支架和底座多为铸铁件（一般为 HT200），常分开制造，这样有利于夹具的加工、装配和铸件的时效处理。支架和底座用圆锥销和螺钉紧固。

镗模支架应有足够的强度和刚度，在结构上应考虑有较大的安装基面和设置必要的加强肋，而且不能在镗模支架上安装夹紧机构，以免夹紧反力使镗模支架变形，影响镗孔精度。图 9-15a 所示的设计是错误的，应采用图 9-15b 所示的结构，夹紧反力由镗模底座承受。

镗模底座上要安装各种装置和工件，并承受切削力、夹紧力，因此要有足够的强度和刚度，并有较好的精度稳定性。

镗模底座上应设置加强肋，常采用十字形肋条。镗模底座上安放定位元件和镗模支架等的平面应铸出高度为 3～5mm 的凸台，凸台需要刮研，使其对底面（安装基准面）有较高的

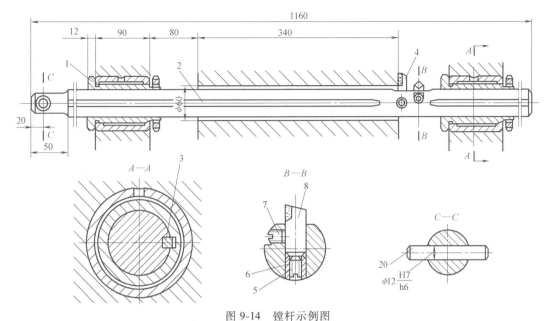

图 9-14 镗杆示例图

1—镗套 2—镗杆 3—键 4—刮刀 5—螺钉 6—衬套 7—固定螺钉 8—镗刀

垂直度精度或平行度精度。镗模底座上还应设置定位键或找正基面，以保证镗模在机床上安装时的正确位置。底座上应设置多个耳座，用以将镗模紧固在机床上。大型镗模的底座上还应设置手柄或吊环，以便搬运。

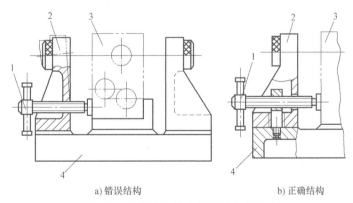

a) 错误结构   b) 正确结构

图 9-15 不允许镗模支架承受夹紧反力

1—夹紧螺钉 2—镗模支架 3—工件 4—镗模底座

▶【任务实施】

根据分析，设计的支架壳体零件镗孔镗床夹具如图 9-16 所示。

支架壳体零件镗孔镗床夹具装配总图应标注的主要尺寸和公差如下：

1）标注配合尺寸：$\phi 38\dfrac{\text{H7}}{\text{n6}}$，$\phi 56\dfrac{\text{H7}}{\text{n6}}$。

2）定位联系尺寸：（53±0.05）mm，（12±0.03）mm，$82^{+0.13}_{+0.07}$mm。

3）导向尺寸：$\phi18H6$、$\phi25H6$。

4）标注夹具轮廓尺寸：$560mm \times 238mm \times 220mm$。

5）标注位置公差：镗套轴线与侧面找正面的平行度公差为 0.01mm，前后镗套轴线同轴度公差为 $\phi0.005mm$，前后钻套轴线同轴度公差为 $\phi0.005mm$，钻套轴线与前后镗套轴线的平行度公差为 $\phi0.01mm$。

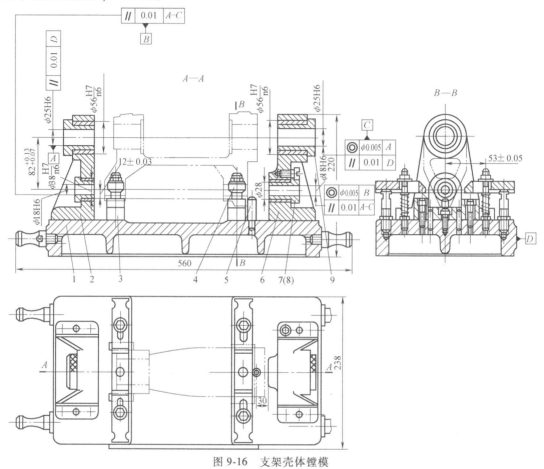

图 9-16 支架壳体镗模

1—夹具体 2、6—支架 3—支承板 4—压板 5—挡销 7、8—钻套、铰套 9—镗套

思考与练习题

1. 什么是镗床夹具？

2. 镗床夹具主要有哪些类型？

3. 简述镗床夹具的设计要点

4. 浮动接头结构主要由哪些部分组成？浮动接头如何与机床主轴连接？

5. 镗模底座设计有什么要求？

参 考 文 献

[1]　柳青松．机床夹具设计与应用 [M]．2版．北京：化学工业出版社，2014.

[2]　孟宪栋．机床夹具图册 [M]．北京：机械工业出版社，1993.

[3]　陈旭东．机床夹具设计 [M]．2版．北京：清华大学出版社，2014.

[4]　薛源顺．机床夹具设计 [M]．3版．北京：机械工业出版社，2011.

[5]　陈建刚．机床夹具设计 [M]．北京：北京邮电大学出版社，2012.

[6]　许大华．机械制造技术 [M]．北京：国防工业出版社，2015.

[7]　孙学强．机械制造基础 [M]．2版．北京：机械工业出版社，2008.

[8]　恽达明．金属切削机床 [M]．北京：机械工业出版社，2005.

[9]　倪森寿．机械制造工艺与装备 [M]．2版．北京：化学工业出版社，2011.

[10]　袁广．机械制造工艺与夹具 [M]．北京：人民邮电出版社，2009.

[11]　徐嘉元．机械制造工艺学（含机床夹具设计）[M]．北京：机械工业出版社，1998.

[12]　孙丽媛．机械制造工艺及专用夹具设计指导 [M]．北京：冶金工业出版社，2010.

[13]　傅建军．模具制造工艺 [M]．北京：机械工业出版社，2004.

[14]　苏珉．机械制造技术 [M]．北京：人民邮电出版社，2014.

[15]　苏建修．机械制造基础 [M]．2版．北京：机械工业出版社，2006.